汉竹编著·健康爱家系列

# 花样
# 蔬果汁

排毒
养颜
减脂

朱晶 主编

江苏凤凰科学技术出版社
全国百佳图书出版单位
·南京·

# 图书在版编目（CIP）数据

花样蔬果汁　排毒养颜减脂 / 朱晶主编 .—南京：江苏凤凰科学技术出版社 ,2021.08

（汉竹·健康爱家系列）

ISBN 978-7-5713-1306-7

Ⅰ . ①花 ... Ⅱ . ①朱 ... Ⅲ . ①蔬菜－饮料－制作②果汁饮料－制作 Ⅳ . ① TS275.5

中国版本图书馆 CIP 数据核字 (2020) 第 136893 号

中国健康生活图书实力品牌

**花样蔬果汁 排毒养颜减脂**

| 主　　　编 | 朱　晶 |
| 编　　　著 | 汉　竹 |
| 责 任 编 辑 | 刘玉锋 |
| 特 邀 编 辑 | 李佳昕　张　欢 |
| 责 任 校 对 | 仲　敏 |
| 责 任 监 制 | 刘文洋 |

| 出 版 发 行 | 江苏凤凰科学技术出版社 |
| 出版社地址 | 南京市湖南路 1 号 A 楼，邮编：210009 |
| 出版社网址 | http://www.pspress.cn |
| 印　　　刷 | 镇江恒华彩印包装有限责任公司 |

| 开　　　本 | 720 mm×1 000 mm　1/16 |
| 印　　　张 | 12 |
| 字　　　数 | 240 000 |
| 版　　　次 | 2021 年 8 月第 1 版 |
| 印　　　次 | 2021 年 8 月第 1 次印刷 |

| 标 准 书 号 | ISBN 978-7-5713-1306-7 |
| 定　　　价 | 39.80 元 |

图书如有印装质量问题，可向我社印务部调换。

# 导读

在当今追求时尚、健康、精致生活的趋势下，健康美味低脂的蔬果汁越来越受到人们的欢迎。蔬果汁不仅选材广泛，而且营养丰富、搭配多样，具有排毒清肠、瘦身养颜、美肤美发等功效，甚至可以对感冒、咳嗽、失眠、便秘等常见不适发挥食疗作用。

市面上售卖的成品蔬果汁大多添加糖、防腐剂或食品添加剂等，容易热量过高，尤其不适合减肥者饮用。自己动手制作的蔬果汁既美味健康，又可以补充足够的营养，还不用担心影响体重。更重要的一点是可以自主选择喜欢的蔬菜和水果，现做现喝。在做的过程中发挥自己的聪明才智，搭配不同的蔬果会呈献出不同的味道，当尝到自己做出的美味蔬果汁时，一定会非常满足！

为了便于大家获得更全面、更实用的蔬果汁制作资料，我们推出了这本《花样蔬果汁 排毒养颜减脂》。本书中的食谱特别注重各种蔬果汁的功效和特点，并具体介绍了搭配组合、适宜人群等实用信息。此外，本书特地介绍了针对不同人群、不同身体情况、不同季节的蔬果选择及饮用等，从大处着眼，以细化读者需求为落脚点，给你更加赏心悦目的阅读体验，还可以在阅读中收获额外惊喜。

读到这里，你还等什么，现在就翻开这本书，开启蔬果汁制作的奇妙之旅吧！用自己的双手，让自己体验一下小小的蔬果是如何发挥令人惊奇的功效吧！在享受美味蔬果汁的同时，甩掉生活的疲惫；在享受瘦身、美颜的同时，给自己的生活注入别样的精彩！

# 目录

## 第一章 喝出健康从了解蔬果汁开始

**蔬果汁对我们究竟有哪些好处** .........2

营养丰富，易于吸收 .................2

四季变换，健康常伴 .................2

美白防晒，焕颜新生 .................2

祛皱祛斑，防治粉刺 .................2

调理体质，跟亚健康说再见 .........3

减肥瘦身，防治水肿 .................3

养发黑发，滋润头皮发根 .............3

**蔬果汁饮用的注意事项** .............4

制作蔬果汁的注意事项 .............4

饮用蔬果汁的注意事项 .............5

**制作蔬果汁的必备工具** .............6

选对榨汁的工具 .....................6

普通榨汁机 .........................6

原汁机 .............................6

破壁料理机 .........................6

豆浆机 .............................7

选对榨汁机需注意的细节 .............8

望——望外观、看构造 .............8

闻——闻味道、听声音 .............8

问——问功能、问服务 .............8

切——动手试一下 ...................8

其他工具 .............................9

水果刀 .............................9

过滤网 .............................9

水果挖球器 .........................9

削皮器 .............................9

砧板 ...............................9

**挑选新鲜蔬果的诀窍** .........................10

芹菜 ...............................10

胡萝卜 .............................10

白萝卜 .............................10

山药 ...............................10

圆白菜 .............................11

莲藕 ...................................... 11

黄瓜 ...................................... 11

西红柿 .................................. 11

菠萝 ...................................... 12

香蕉 ...................................... 12

狝猴桃 .................................. 12

橘子 ...................................... 12

草莓 ...................................... 13

西瓜 ...................................... 13

苹果 ...................................... 13

梨 .......................................... 13

**蔬果汁的常用辅料** ............... 14

牛奶 ...................................... 14

酸奶 ...................................... 14

冰激凌 .................................. 14

鲜奶油 .................................. 14

炼乳 ...................................... 14

巧克力酱 .............................. 15

去皮甜杏仁 .......................... 15

花生碎 .................................. 15

核桃碎 .................................. 15

薄荷 ...................................... 15

冰块 ...................................... 15

**蔬果汁制作步骤** ................... 16

榨汁步骤 .............................. 16

**蔬果汁好喝的秘诀** ............... 17

柠檬帮大忙 .......................... 17

用自然的甜味剂 .................. 17

现榨现喝 .............................. 17

温度不宜太高 ...................... 17

# 第二章 瘦身减脂蔬果汁

## 排毒清肠 ......................20

### 排毒清肠食材任意选......................20

白菜 ......................20

苹果 ......................20

白萝卜 ......................20

竹笋 ......................21

猕猴桃 ......................21

菠萝 ......................21

芹菜 ......................21

### 清肠排毒蔬果汁 ......................22

苹果 ......................22

苹果苦瓜汁 ......................22

苹果香菜汁 ......................23

苹果香蕉芹菜汁 ......................23

苹果莲藕汁 ......................23

苹果甜橙生姜汁 ......................24

芹菜 ......................26

芹菜猕猴桃汁 ......................26

芹菜菠萝汁 ......................27

芹菜苹果草莓汁 ......................27

芹菜胡萝卜西柚汁 ......................27

白萝卜 ......................28

白萝卜橄榄汁 ......................28

白萝卜苹果甜菜汁 ......................29

白萝卜莲藕汁 ......................29

白萝卜草莓奶 ......................29

菠萝 ......................30

菠萝苦瓜猕猴桃汁 ......................30

菠萝西瓜汁 ......................31

菠萝西红柿汁 ......................31

菠萝西柚汁 ......................31

菠萝西蓝花汁 ......................32

## 纤体瘦身 ......................34

### 纤体瘦身食材任意选 ......................34

黄瓜 ......................34

柠檬 ......................34

海带 ......................34

梨 ......................35

苦瓜 ......................35

火龙果 ......................35

菠菜 ......................35

### 纤体瘦身蔬果汁 ......................36

黄瓜 ......................36

黄瓜苹果汁 ......................36

黄瓜柠檬汁 ......................37

黄瓜哈密瓜汁 ......................37

黄瓜木瓜汁 ......................37

黄瓜燕麦玫瑰豆浆 ......................38

梨 ......................40

胡萝卜梨汁 ......................40

白萝卜梨汁 ......................40

苹果梨汁 ......................41

荸荠梨汁 ......................41

苦瓜 ..................... 42
苦瓜胡萝卜汁 ............. 43
苦瓜苹果芦笋汁 ........... 42
苦瓜西瓜汁 ............... 43
苦瓜橙子苹果汁 ........... 42
菠菜 ..................... 44
菠菜香蕉奶 ............... 44
菠菜橙子苹果汁 ........... 45
菠菜苹果汁 ............... 45
菠菜草莓香瓜汁 ........... 45

# 防治水肿 ..................... 46

## 防治水肿食材任意选 ..................... 46
西红柿 ..................... 46
西柚 ..................... 46
冬瓜 ..................... 46
木瓜 ..................... 47
西瓜 ..................... 47
黄瓜 ..................... 47

## 防治水肿蔬果汁 ..................... 48
西红柿 ..................... 48
西红柿酸奶 ..................... 48
西红柿西柚苹果汁 ..................... 49
西红柿菠萝苦瓜汁 ..................... 49
西红柿西瓜柠檬汁 ..................... 49

西红柿草莓汁 ..................... 50
西柚 ..................... 52
西柚菠萝汁 ..................... 52
西柚草莓橙子汁 ..................... 53
西柚葡萄香蕉汁 ..................... 53
西柚草莓汁 ..................... 53
西瓜 ..................... 54
西瓜荸荠莴笋汁 ..................... 54
西瓜柚子芹菜汁 ..................... 54
西瓜香蕉汁 ..................... 55
西瓜胡萝卜汁 ..................... 55
西瓜冬瓜汁 ..................... 56

# 塑形美体 ..................... 58

## 塑形美体食材任意选 ..................... 58
木瓜 ..................... 58
葡萄 ..................... 58
丝瓜 ..................... 58
鳄梨 ..................... 59
西红柿 ..................... 59
猕猴桃 ..................... 59
菠菜 ..................... 59

## 塑形美体蔬果汁 ..................... 60
木瓜 ..................... 60
木瓜黑芝麻酸奶 ..................... 60
木瓜芒果汁 ..................... 61
木瓜菠萝汁 ..................... 61
木瓜乳酸饮 ..................... 61
木瓜橙子汁 ..................... 62

# 第三章 对症调体质蔬果汁

## 防治感冒 ....................66

### 防治感冒食材任意选....................66
柿子 ....................66
黄豆芽 ....................66
橙子 ....................66
西蓝花 ....................67
甜椒 ....................67
红薯 ....................67
莲藕 ....................67

### 防治感冒蔬果汁 ....................68
感冒 ....................68
苹果菠菜橙汁 ....................68
苹果甜椒莲藕汁 ....................69
胡萝卜柿子柚子汁 ....................69
黄豆芽汁 ....................69
莲藕生姜汁 ....................70

## 防治失眠 ....................72

### 防治失眠食材任意选 ....................72
南瓜 ....................72
红枣 ....................72
核桃 ....................72
桂圆 ....................73
樱桃 ....................73
芹菜 ....................73
莲子 ....................73

### 防治失眠蔬果汁 ....................74
失眠 ....................74
南瓜黄瓜汁 ....................74
莲子桂圆苹果汁 ....................75
桑葚红枣芹菜汁 ....................75
芹菜杨桃葡萄汁 ....................75

## 缓解便秘 ....................76

### 缓解便秘食材任意选 ....................76
香蕉 ....................76
李子 ....................76
无花果 ....................76
芦荟 ....................77
酸奶 ....................77
玉米 ....................77
韭菜 ....................77

### 缓解便秘蔬果汁 ....................78
便秘 ....................78
无花果猕猴桃汁 ....................78
香蕉酸奶 ....................79
香蕉西蓝花奶 ....................79
芦荟西瓜汁 ....................79
猕猴桃芹菜玉米汁 ....................80

## 止咳润肺 ....................82

### 止咳润肺食材任意选.................. 82

白萝卜 ....................... 82
百合 ............................ 82
梨 ................................ 82
莲藕 ............................ 83
橘皮 ............................ 83
荸荠 ............................ 83
枇杷 ............................ 83

### 止咳润肺蔬果汁 .................. 84

咳嗽 ............................ 84
莲藕橘皮汁 ................... 84
西瓜香瓜梨汁 ............... 85
百合圆白菜饮 ............... 85
白萝卜莲藕梨汁 ........... 85

## 防治"三高" ................86

### 防治"三高"食材任意选.................. 86

苦瓜 ............................ 86
石榴 ............................ 86
芹菜 ............................ 86
芦笋 ............................ 87
火龙果 ........................ 87
柚子 ............................ 87
胡萝卜 ........................ 87

### 防治"三高"蔬果汁 .................. 88

"三高" ........................ 88
猕猴桃芦笋苹果汁 ........... 88
石榴草莓奶 ................... 89

芹菜胡萝卜西柚汁 ........... 89
西红柿苦瓜汁 ............... 89
火龙果胡萝卜汁 ........... 90

## 防治贫血 ....................92

### 防治贫血食材任意选.................. 92

樱桃 ............................ 92
菠菜 ............................ 92
红枣 ............................ 92
西蓝花 ........................ 93
葡萄 ............................ 93
草莓 ............................ 93
栗子 ............................ 93

### 防治贫血蔬果汁 .................. 94

贫血 ............................ 94
栗子红枣黑豆浆 ........... 94
红枣枸杞子豆浆 ........... 95
香蕉葡萄汁 ................... 95
樱桃汁 ........................ 95
草莓梨柠檬汁 ............... 96

## 改善畏寒 ....................98

### 改善畏寒食材任意选.................. 98

胡萝卜 ........................ 98
李子 ............................ 98
玉米 ............................ 98
人参 ............................ 99
生姜 ............................ 99
南瓜 ............................ 99
榴莲 ............................ 99

**改善畏寒蔬果汁** .................... 100

畏寒 .................... 100

胡萝卜苹果生姜汁 ....................100

李子优酪乳 ....................101

玉米奶 ....................101

南瓜奶 ....................101

人参紫米豆浆 ....................102

# 调理月经 .................... 104

**调理月经食材任意选** .................... 104

水蜜桃 .................... 104

油菜 .................... 104

荔枝 .................... 104

生姜 .................... 105

山楂 .................... 105

樱桃 .................... 105

红枣 .................... 105

**调理月经蔬果汁** .................... 106

月经不调和痛经 .................... 106

荔枝紫米黑豆浆 .................... 106

生姜苹果茶 .................... 107

樱桃蜜桃汁 .................... 107

草莓山楂汁 .................... 107

# 第四章 美容养气色蔬果汁

# 乌发养发 .................... 110

**乌发养发食材任意选** .................... 110

鳄梨 .................... 110

水蜜桃 .................... 110

黑米 .................... 110

核桃 .................... 111

黑芝麻 .................... 111

黑豆 .................... 111

桑葚 .................... 111

**乌发养发蔬果汁** .................... 112

鳄梨 .................... 112

鳄梨芒果香蕉汁 ....................112

鳄梨苹果胡萝卜汁 ....................113

鳄梨奶 ....................113

鳄梨苹果汁 ....................113

黑米 .................... 114

黑米花生豆浆 ....................114

黑米桃子豆浆 ....................115

红小豆栗子黑米糊 ....................115

桃仁黑米糊 ....................115

松子枸杞子黑米汁 ....................116

桑葚 .................... 118

桑葚黑芝麻米糊 ....................118

桑葚猕猴桃奶 ....................119

桑葚小米汁 .................................119
桑葚奶 .......................................119

# 美白亮肤 ....................120

## 美白亮肤食材任意选 ...................... 120
芒果 ...........................................120
哈密瓜 .......................................120
胡萝卜 .......................................120
南瓜 ...........................................121
葡萄 ...........................................121
荠菜 ...........................................121
洋葱 ...........................................121

## 美白亮肤蔬果汁 .............................122
芒果 ...........................................122
芒果胡萝卜橙汁 ...........................122
芒果柠檬橙汁 ...............................123
芒果薄荷粳米汁 ...........................123
芒果椰子香蕉汁 ...........................123
芒果猕猴桃芹菜汁 .......................124
哈密瓜 .......................................126
哈密瓜芦荟橘子汁 .......................126
哈密瓜草莓奶 ...............................127
哈密瓜黄瓜荸荠汁 .......................127
哈密瓜木瓜奶 ...............................127
胡萝卜 .......................................128
胡萝卜西红柿汁 ...........................128
胡萝卜菠萝汁 ...............................129
胡萝卜梨汁 ...................................129
胡萝卜苹果橙汁 ...........................129
葡萄 ...........................................130
葡萄香蕉苹果汁 ...........................130

葡萄柠檬汁 ...................................131
葡萄芹菜杨桃汁 ...........................131
葡萄酸奶汁 ...................................131
青葡萄苹果菠萝汁 .......................132

# 除皱祛斑 ....................134

## 除皱祛斑食材任意选 ...................... 134
紫甘蓝 .......................................134
西瓜 ...........................................134
水蜜桃 .......................................134
绿茶 ...........................................135
番石榴 .......................................135
海带 ...........................................135
橘子 ...........................................135

## 除皱祛斑蔬果汁 .............................136
绿茶 ...........................................136
绿茶蜜桃汁 ...................................136
绿茶奶 .......................................137
绿茶猕猴桃豆浆 ...........................137
绿茶酸奶 ...................................137
绿茶百合豆浆 ...............................138
海带 ...........................................140
海带黄瓜芹菜汁 ...........................140
海带紫菜豆浆 ...............................141
海带玉米汁 ...................................141
海带黄瓜汁 ...................................141
橘子 ...........................................142
橘子胡萝卜汁 ...............................142
橘子芦荟甜瓜汁 ...........................143
橘子苹果汁 ...................................143
橘子梨菠萝汁 ...............................143

## 防治粉刺 .....................144

### 防治粉刺食材任意选 ...................144

红薯 ....................144

枇杷 ....................144

柠檬 ....................144

荸荠 ....................145

胡萝卜 ....................145

苦瓜 ....................145

猕猴桃 ....................145

### 防治粉刺蔬果汁 ....................146

红薯 ....................146

红薯山药豆浆 ....................146

红薯香蕉杏仁汁 ....................147

红薯胡萝卜汁 ....................147

红薯木瓜小米汁 ....................147

猕猴桃 ....................148

猕猴桃荸荠芹菜汁 ....................148

猕猴桃荸荠葡萄汁 ....................149

猕猴桃芒果菠萝汁 ....................149

猕猴桃芹菜酸奶 ....................149

猕猴桃橙子柠檬汁 ....................150

# 第五章 四季应季美味蔬果汁

## 春 .....................154

### 应季食材任意选 ...................154

甜菜 ....................154

香椿芽 ....................154

黄豆芽 ....................154

草莓 ....................155

芦笋 ....................155

荠菜 ....................155

菠萝 ....................155

### 适宜春季喝的蔬果汁 ...................156

春季 ....................156

菠萝苦瓜蜂蜜汁 ....................156

白菜心胡萝卜荠菜汁 ....................157

芦笋豆浆 ....................157

草莓奶 ....................157

胡萝卜甜菜根汁 ....................158

## 夏 .....................160

### 应季食材任意选 ...................160

火龙果 ....................160

冬瓜 ....................160

西红柿 ....................160

杏 ....................161

水蜜桃 ....................161

西瓜 ....................161

黄瓜 ....................161

### 适宜夏季喝的蔬果汁 ...................162

夏季 ....................162

菠萝甜椒杏汁 ....................162

冬瓜生姜汁 ....................163

西红柿汁 ....................163

香蕉火龙果酸奶 ....................163

西瓜黄瓜汁 ....................164

# 秋 ....................166

## 应季食材任意选 ....................166
南瓜 ....................166
梨 ....................166
苹果 ....................166
胡萝卜 ....................167
柿子 ....................167
橘子 ....................167
红薯 ....................167

## 适宜秋季喝的蔬果汁 ....................168
秋季 ....................168
梨汁 ....................168
蜜柑芹菜苹果汁 ....................169
南瓜橘子奶 ....................169
小白菜苹果汁 ....................169
蜂蜜柚子梨汁 ....................170

# 冬 ....................172

## 应季食材任意选 ....................172
橙子 ....................172
桂圆 ....................172
白菜 ....................172
红枣 ....................173
莲藕 ....................173
南瓜 ....................173
荸荠 ....................173

## 适宜冬季喝的蔬果汁 ....................174
冬季 ....................174
茴香甜橙生姜汁 ....................174
桂圆芦荟汁 ....................175

南瓜红枣汁 ....................175
苹果白菜柠檬汁 ....................175
莲藕梨汁 ....................176

# 附录 四季茶饮

玫瑰茄桃花茶 ....................178
丁香茉莉绿茶 ....................178
陈皮山楂乌龙茶 ....................178
牛奶红茶 ....................178

# 第一章

## 喝出健康从了解蔬果汁开始

　　蔬果汁，顾名思义就是蔬菜和水果做成的汁。但你知道想要做出一杯营养美味的蔬果汁要用到什么工具吗？如何挑选健康无公害的水果？做蔬果汁时搭配哪些辅料能够锦上添花使蔬果汁更美味？

　　如果想要制作美味健康的蔬果汁，就要先了解蔬果汁，让我们一起来看一看吧！

# 蔬果汁对我们究竟有哪些好处

蔬菜、水果里含有丰富的天然维生素，新鲜蔬果榨成的汁，其营养成分也是非常丰富的。每天喝一杯新鲜的蔬果汁，对人体非常有好处。现在不少家庭都有鲜榨果汁机，制作蔬果汁省时省力，口味也不错！那么蔬果汁具体有哪些好处呢？

## 营养丰富，易于吸收

新鲜的蔬菜、水果中含有大量的维生素、矿物质、氨基酸等人体必需的营养物质，而巧妙的蔬果汁搭配，可以让这些营养物质发挥更大的作用，更容易被人体吸收，更好地滋养人体。榨汁的过程中蔬菜和水果被切割得更加细小，其中的一些很细小的营养成分都会变得更易于被人体吸收，因此喝蔬果汁比生吃水果和蔬菜更加有利于消化，人体对营养素的吸收速度也会变得更快。

## 四季变换，健康常伴

四季变换，我们的身体也会不停地随季节调试，而四季中有不同的应季蔬菜、水果可以帮助我们调理身体，让我们远离各种烦恼和不适，让美味蔬果和调理养生结合，享受健康生活，幸福伴随身边。

蔬果汁制作简便、选材丰富，不仅鲜美好喝而且有益健康，不同的季节选择不同的蔬果汁，可以让生活也如蔬果汁一样有滋有味、健康幸福！

## 美白防晒，焕颜新生

让肌肤光彩透亮、不再暗沉，这通过蔬果汁能实现。芒果、哈密瓜、葡萄等水果中都富含维生素C、抗氧化剂等，有助于清除肌肤上的小斑点、防止色素沉淀，让肌肤焕然新生、美白透亮。

## 祛皱祛斑，防治粉刺

皱纹、雀斑、粉刺、痤疮……这些不速之客总是在爱美女性的脸上出现，让她们倍感烦恼。通过蔬果汁补充对皮肤有益的营养物质，修复肌肤，清理皮肤垃圾，让烦人的皱纹、斑点、粉刺不再打扰美丽的脸。

## 调理体质，跟亚健康说再见

蔬果汁的一大功效就是调理各种"问题"体质，让饱受失眠、便秘、贫血、咳嗽等问题困扰的人，能在现代快节奏生活的压力下，更好地爱护自己、爱护家人，让亚健康、职业病远离我们。让一杯低热量、富含维生素和矿物质的蔬果汁，发挥奇妙的功效，以食疗代替药物，让人们在享受美味、可口的蔬果汁的同时，轻松摆脱亚健康状态。

## 减肥瘦身，防治水肿

蔬果汁不仅含有丰富的膳食纤维，而且可有效提供在减肥中容易缺失的维生素、矿物质等身体必需的重要营养物质。蔬果汁的热量比较低，有的蔬果汁有利尿消肿的功效，对困扰许多爱美女性的小肚腩、小腿粗、脚腕水肿等肥胖、水肿问题有较佳的食疗效果。餐前半小时喝杯蔬果汁，有减肥的效果，其中的营养素可被人体充分吸收利用，补充体力；蔬果汁中的膳食纤维，可以增加饱腹感，防止"饥不择食"，减少正餐的食用量。

## 养发黑发，滋润头皮发根

常喝蔬果汁，还可以乌发养发，让人拥有一头乌黑亮丽的头发，给自己的外在形象加分！头发如人体其他构成部分一样，也需要我们不断为它提供养分才能更健康地生长。蔬果汁中含有的各种维生素可以增强头发的生命力、滋润头发防毛糙，常喝蔬果汁，让枯发、掉发的苦恼不再困扰自己。

# 蔬果汁饮用的注意事项

　　各色蔬菜汁、果汁饮品风靡大街小巷。采用新鲜的蔬果制作而成的饮品五彩缤纷、色泽诱人，给人耳目一新的感觉。其实，自己动手制作蔬果汁并不复杂，我们完全可以根据自己的喜好和需求，搭配不同的蔬果和喜欢的调味品做出美味的蔬果汁。

## 制作蔬果汁的注意事项

　　自己制作的蔬果汁是健康美味的，但制作蔬果汁要注意以下事项：

### 1. 挑选新鲜食材

　　蔬菜、水果如果放置太久，其营养价值将大大降低，因此尽量挑选新鲜的食材。如果食材放置时间过长以致腐烂，就不要食用了。

### 2. 尽可能去皮

　　蔬果的表皮可能会有农药残留，而且有些蔬果的表皮会影响蔬果汁口感，可将皮削掉后榨汁。

### 3. 操作要快

　　为防止蔬果氧化和减少维生素的损耗，制作蔬果汁时动作要快，尽可能在短时间内制作完成。

### 4. 混合搭配

　　蔬菜原汁一般不太好喝，加些橙子、苹果等水果可以改善味道，并且可以使营养更加均衡。

# 饮用蔬果汁的注意事项

### 1. 现制现喝

　　水果和蔬菜中的维生素暴露在空气中越久越容易被氧化，而且蔬果汁放久了味道也会变差，因此最好是制作好了马上饮用。

### 2. 选合适的时间

　　喝蔬果汁也要选择合适的时间才能起到想要的效果，针对不同的身体状况，喝蔬果汁也要根据不同的需求，分不同的时间进行。比如，减肥类的蔬果汁最好在餐前半小时喝；豆浆可以作为早餐饮用；肠胃不好的人最好不要空腹喝蔬果汁等。

### 3. 喝蔬果汁要适量

　　蔬果汁再好，一次也不要喝太多，否则容易造成腹胀或消化不良，引起肠胃不适。因此榨汁时一定要精确选择食材的量，以免榨汁过多喝不完，造成浪费。

蔬果汁一定要现榨现喝，避免在存放过程中维生素C等营养素流失。

# 制作蔬果汁的必备工具

"工欲善其事，必先利其器"，想要制作出质量上乘、美味可口的蔬果汁，当然离不开功能好的榨汁机。为了操作过程中省时省力，在选择榨汁机时就要多花一些心思了，可以选择带有榨汁功能的工具，或者可以备一套榨汁专用的工具！

## 选对榨汁的工具

你可以抱着近乎苛刻的态度、用专业的眼光去挑选榨汁机，毕竟它的品质好坏很大程度上决定着蔬果汁的质量。而且一台品质卓越的榨汁机在为你提供健康饮料的同时，更可以给你带来一种健康、愉悦的生活方式。

### 普通榨汁机

普通榨汁机通常是我们在榨取蔬果汁时直接想到和选择的一种工具，它的操作比较简单，工作原理是利用高速旋转的刀片将水果切碎成渣，使果汁在离心力的作用下通过细密的不锈钢过滤网流出。

**优点**：除了可以榨汁外，还有碎冰等功能，经济实惠。

**缺点**：清洗比较麻烦。

### 原汁机

原汁机也称作冷榨机，通常是以螺旋推进式挤压、低速柔性提取的方式来"榨"蔬果汁的，转速非常低。一般蔬果中的营养素对温度的承受力往往都比较低，在超过40℃的环境下，其新鲜度和营养价值便会受损。许多榨汁机转速每分钟高达几千转，会造成蔬果汁的营养价值损耗。原汁机就很好地解决了这个问题，可保留蔬果的大部分营养。

**优点**：在不破坏营养素的同时，很大程度上保持了蔬果的营养活性。

**缺点**：价格比普通榨汁机高。

### 破壁料理机

破壁料理机集榨汁机、豆浆机、冰激凌机、料理机、研磨机等产品功能于一体，实现了一机多用。它可以瞬间击破食物细胞壁，释放蔬果中的营养。

破壁料理机清洗方便，如果你觉得用普通榨汁机榨完蔬果汁之后的清洗工作麻烦，可以选择破壁料理机。而且它功能很多，一机多用，值得入手。

**优点**：可以把食物研磨得更细碎，颗粒感更小，喝起来会更顺滑一点；清洗十分方便。

**缺点**：操作时噪声大，蔬果汁易氧化，价格相对较高。

## 豆浆机

做蔬果汁时如果需要添加五谷类，或者想喝一杯热乎乎的蔬果五谷汁时，就需要用到豆浆机。豆浆机的功能很强大，可以做热的饮品和米糊。豆浆机采用微电脑控制，实现预热、打浆、煮浆和延时熬煮过程全自动化，由于增设了特殊的处理程序，可使豆浆营养更加丰富，口感更加香醇。豆浆机的杯体像一个硕大的茶杯，有把手和流口，倒起豆浆来比较方便。

**优点：**可直接加热，做豆浆和米糊方便快捷，清洗方便。

**缺点：**没有榨汁功能，只是把蔬果搅碎，成品是热的，会损失蔬果的一些营养成分，且有渣，饮用需过滤。

以上四款工具，可根据自己的实际需要选购。想要制作口感好、氧化程度低的蔬果汁，同时可以接受比榨汁机价格高一些的，推荐原汁机。

对口感要求不是很高、不在乎清洗麻烦，希望价格便宜点、功能多一点的，推荐不用加水的榨汁机。

想要一台功能齐全、可加工多种食物、研磨细腻、清洗方便的工具，同时不太在意价格和噪声的，推荐可加热的破壁料理机。

想要每天喝一杯豆浆或热饮，可选择豆浆机。

几款工具各有其优点，也可搭配使用，会使饮品更丰富，生活更美好。

美味蔬果汁，让
生活有滋有味。

## 望——望外观、看构造

漂亮的外观是购买时吸引顾客的第一要素，要考察榨汁机表面及组件是否光滑、无死角。

要选择刀片厚实、锋利的榨汁机，因为刀片的质量直接影响其榨汁的精细程度。刀片的材质也很重要，优质的合金不易被氧化。如果你不想在喝蔬果汁时吸收一些有害的金属离子，就不要使用配置劣质刀片的榨汁机了。

## 闻——闻味道、听声音

揭开榨汁机的盖子闻一闻有无异味。质量上乘的榨汁机的任何一个组件都选料精良，且塑料机体无异味，确保对人体无害。

如果你闻到明显（不必达到刺鼻程度）的塑料味道，那就很有可能是采用有毒废旧塑料重塑的机体。真正高质量的正规产品机体坚固、厚实，塑料表面似有蜡质，且无任何异味。

打开电机听一下它工作时的声音，可以在各品牌之间互相比较一下（要装配齐整后测试），尽量选择一款噪声低的机器。

## 问——问功能、问服务

要听清店员的介绍重点，仔细权衡他们是真心为你考虑的健康顾问，还是某一品牌的厂家推销员。建议你还是相信自己，同一问题多问几个销售人员，很快就会看清真相、变成内行。你还要了解服务，询问整机及部件的保修年限，一般而言，大品牌会有很多维修网点。

## 切——动手试一下

亲自动手做一下，这能让你直接了解榨汁机的效果。这样你就可以知道榨汁是否彻底，汁渣分离的程度如何，以及榨汁机榨汁的功能、效率如何。

安全性能也是试一下即见分晓的，设计周到的榨汁机如果组件安装不到位，是不会工作的。

榨汁机的品质决定蔬果汁的品质，因此选购时一定要仔细。

## 水果刀

在做蔬果汁的过程中，需要准备专用的水果刀把水果切成小块。用专用的水果刀切水果，卫生又不串味。切完水果要及时用水清洗干净并擦干，以防生锈。

## 过滤网

如果因为榨汁机的功能问题，榨出的蔬果汁喝起来口感粗糙、不细滑，可用密度较高的过滤网来滤出蔬果的渣，以改善蔬果汁的口感。

## 水果挖球器

在制作蔬果汁时，使用水果挖球器会比较方便，尤其是在取西瓜和香瓜的果肉时使用，可有效避免果汁流到别处。操作时只需用挖球器挖出需要的水果球即可。使用之后用清水冲洗干净并擦干，以免生锈。

## 削皮器

黄瓜、胡萝卜、苹果和梨这一类的蔬果在榨汁的过程中需要去皮，使用削皮器会让操作变得容易许多。使用时注意由内侧往外侧削皮，这样手不容易受伤。用完马上用水洗干净，以免刀片沾上含糖的蔬果汁，时间一长会变得黏黏的不易清洗。削皮器两侧夹住的蔬果渣可用牙签清除。

## 砧板

砧板通常分木质和塑料两类：木质砧板适合切肉，塑料砧板则适合切蔬果。切蔬果的砧板应该与切肉类的砧板分开，以避免食物上的细菌交叉污染和串味。切蔬果用的塑料砧板每次使用后要清洗干净并晾干，不要用高温的水清洗，以免砧板变形。

# 挑选新鲜蔬果的诀窍

选择蔬果的原则就是"选好的"，要选择新鲜、成熟、多汁、没有污染的蔬果，还有就是喜欢吃的，这样的蔬果才能榨出让人满意的蔬果汁。下面介绍一些常用来榨汁的蔬果的挑选方法。

## 芹菜

市场上常见的芹菜有西芹和国产芹菜两种。国产芹菜颜色深绿、腹沟窄；西芹则颜色稍浅、腹沟宽。榨汁选择西芹较好。

## 胡萝卜

尽量挑选颜色鲜艳、摸起来硬实的胡萝卜榨汁，不要使用带有茎叶的胡萝卜，不够甜。胡萝卜稍微发青的话，在榨汁前应把青色部位削掉，这样榨出来的汁口感较好。

## 白萝卜

根形圆整、表皮光滑，并且分量较重、拿在手里沉甸甸的白萝卜适合用来榨汁。

## 山药

要挑选表皮无伤痕、形状完整肥厚、颜色均匀有光泽、不干枯、根须少的山药来榨汁。

## 圆白菜

好的圆白菜球形完整、结球紧密，底部坚硬，叶片新鲜脆嫩、不萎缩、没有腐烂碰伤。

## 莲藕

色泽白的嫩藕比较多汁、清甜。藕的两头最好要有藕节，这样的藕里面比较干净。

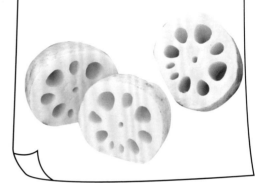

## 黄瓜

带刺、挂白霜的黄瓜为新摘的鲜瓜，新鲜的小黄瓜顶端带黄花，用手去搓会有一些触痛感。

## 西红柿

自然成熟的西红柿蒂周围有些绿色，捏起来很软，外观圆滑，而子粒是土黄色，肉质红色、沙瓤、多汁。

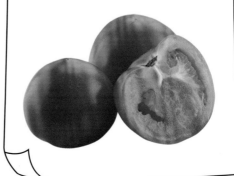

## 菠萝

好的菠萝果实大小均匀适中、果形端正，外表皮呈淡黄色或亮黄色，果肉香气馥郁。用手轻轻按压菠萝果体，坚硬而无弹性的是生菠萝，且无香气或香气淡薄。

## 香蕉

用来榨汁的香蕉要挑选大小均匀适中，表皮无或有少量斑点，果肉呈淡黄色、香气馥郁的；表皮有黑色斑点的，只要内部洁白依然可以选择榨汁。

## 猕猴桃

要挑选果肉呈翠绿色、果味清香，表皮按上去硬度适中的猕猴桃来榨汁。黄金奇异果、红心猕猴桃的口感更甜。

## 橘子

表皮鲜亮、颜色较深的橘子比较新鲜。好的橘子拿在手里无轻浮感，轻捏表皮，就会发现橘子皮上会冒出一些油，或是透过果皮可闻到阵阵香气。

## 草莓

好的草莓果实饱满、色泽红艳、味道清香扑鼻。若是表皮出现斑点，或者凹陷处颜色有变化，则不适宜用来榨汁。

## 西瓜

挑选西瓜记得选梗是青色的西瓜，证明它摘下来时间不长，比较新鲜，水分和营养流失得较少。

## 苹果

买苹果要挑颜色红而又自然的，最好挑红中带黄的，掂在手里比较有分量的较好，证明其含的水分充足。总之要买表面光滑新鲜的，不要图便宜买打折的不新鲜的苹果。

## 梨

买梨时，要选择果形端正，表面色泽鲜艳、光滑、无磕碰和瘢痕的。这样的梨一般果肉细腻、脆而鲜嫩，果肉中的汁液丰富，通常味道也很甜。尽量不要选择形状不规则的梨，畸形的梨一般不好吃。

# 蔬果汁的常用辅料

想要得到一杯美味的蔬果汁，还要添加一些辅料，那么有哪些食物可以添加到蔬果汁中使其更加美味营养呢？一起来看一下吧！饮用蔬果汁不宜加热，也别加糖，可加蜂蜜、酸奶调味；制作蔬果汁剩余的渣也可以食用，里面含有大量的膳食纤维。

## 牛奶

牛奶中的钙含量高且容易被人体吸收，是很好的营养补品。对于味道比较清淡的蔬果汁，加入浓香的牛奶不失为一个好主意。

## 酸奶

酸奶不仅具有牛奶的丰富营养价值，且易被消化吸收。将酸奶与蔬果搭配，榨出的蔬果汁不但营养更丰富，而且味道更好。

## 冰激凌

在蔬果汁中加入冰激凌，很讨女性和孩子的欢心，因为加入冰激凌的蔬果汁甜美而爽口，适用于任何一款蔬果汁，但不适合减肥人士。

## 鲜奶油

鲜奶油具有特殊的香味，且其中的营养成分容易被人体消化吸收，加入蔬果汁后可使其味道更加浓郁滑腻。

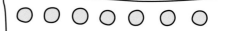

## 炼乳

在蔬果汁中加入少许炼乳可以使其口感更好、香味更浓，不过炼乳热量比较高，建议减肥的人士酌量使用。

## 巧克力酱

巧克力酱带有少许巧克力的甜味，适合加入用牛奶以及南瓜制成的蔬果汁。

## 去皮甜杏仁

甜杏仁含有蛋白质、脂质、维生素 E 等营养成分，在蔬果汁上撒一层薄薄的甜杏仁，口感更香甜。

## 花生碎

花生的抗氧化作用强，在榨好的蔬果汁上撒一层花生碎，可以使蔬果汁更香醇、更美味。

## 核桃碎

核桃含有丰富的营养成分，加入蔬果汁中，能使蔬果汁味道更加芳香，营养更加丰富。

## 薄荷

很多蔬果汁都适宜加入少许薄荷，不但能够增加芳香，还能提神醒脑，使蔬果汁更加清爽诱人。

## 冰块

夏季天气炎热，加入冰块会比较凉爽好喝，预先在容器内放些冰块，不但可以减少泡沫，还可以防止一些营养成分被氧化。

# 蔬果汁制作步骤

　　榨汁机的榨汁原理其实很简单,只需要在榨汁机中置入滤网,把食材放入滤网中,利用高速旋转的刀片将食材切碎,利用离心力将渣滓和蔬果汁分开。如果想要一杯黏稠型的蔬果汁,只需取出滤网,发挥榨汁机的搅拌功能,把所有的膳食纤维都留在蔬果汁中就可以啦。

## 榨汁步骤

1 将需要榨汁的蔬果洗净,切成 2 厘米见方的小块,去除不能食用的部分,比如果皮和果核。

2 榨汁机内置滤网,盖上盖子,将榨汁机顶部的盖子(一般同时具有量杯功能)拿开,向榨汁机中添加切好的蔬果。

3 用填料棒或筷子把蔬果稍微向下按压,加适量纯净水或凉开水,打开开关,让机器旋转榨汁。

4 将榨出的蔬果汁倒入杯子里,加适量柠檬汁、蜂蜜等调味。

# 蔬果汁好喝的秘诀

让蔬果汁好喝的秘诀除了添加辅料外，还要注意添加辅料的种类和喝蔬果汁的时机。

## 柠檬帮大忙

一般蔬果均可自由搭配，但有些蔬果中含有一种会破坏维生素 C 的酶，如胡萝卜、南瓜、小黄瓜或香瓜与其他蔬果搭配，会破坏其他蔬果中的维生素 C。但此种酶易受热、酸的破坏，所以在自制蔬果汁时，加入像柠檬这类较酸的水果，可有效保护维生素 C 免遭破坏。

## 用自然的甜味剂

有些人喜欢加糖来增加蔬果汁的口感，但糖分解时会导致 B 族维生素的损失及钙、镁的流失，降低蔬果汁的营养成分。如果制作出来的蔬果汁口感不佳，可以多利用香甜味较重的水果，如香蕉、菠萝作为搭配，或是酌量加蜂蜜。

## 现榨现喝

水果和蔬菜中的维生素 C 极容易氧化，因此蔬果汁榨好后应立即饮用，最好在 20 分钟内饮完。但要注意，不要一饮而尽，最好是一口一口地细品慢酌，享用美味的同时，更易让营养素被身体吸收。

## 温度不宜太高

蔬果汁若是用来治疗感冒、发冷，解酒，或者在冬天饮用的话，最好温热着喝。加热蔬果汁有两种办法：一是榨汁时往榨汁机中加温开水，榨出来的就是温热的蔬果汁；二是将装蔬果汁的玻璃杯放在温水中使其加热到 37℃左右，这样既能保证营养不流失，还能被身体愉快地接受。千万不要用微波炉加热，那样会严重破坏蔬果汁中的营养成分。

榨汁用的食材若酸味较重，喝的时候可加入适量蜂蜜调节，使口感不那么酸。

# 第二章

## 瘦身减脂蔬果汁

蔬果汁对减肥瘦身的人群非常友好，它不仅含有丰富的膳食纤维，而且会给人体快速提供在减肥中容易缺失的维生素和无机盐等身体必需的营养物质。另外蔬果汁低脂低热量，在满足身体正常需求的同时不会因摄入过多热量导致肥胖。减肥期间，合理饮用蔬果汁会有意想不到的效果。

# 排毒清肠

体内积累太多的毒素就很容易长痘、口腔溃疡、便秘，甚至造成肥胖。那么我们应该如何排毒清肠，帮助身体释放毒素呢？蔬果汁中的维生素 C 和 B 族维生素可促进人体排出积存的有毒代谢物质，常饮蔬果汁能帮助身体轻松排毒清肠。

## 排毒清肠
## 食材任意选

### 白菜

白菜富含膳食纤维，能加速胃肠蠕动，缓解便秘，促进消化吸收，还有美容养颜的功效。

热量
82 千焦

100克可食部分

热量
227 千焦

100克可食部分

### 苹果

苹果中富含膳食纤维，能有效促进胃肠蠕动，改善便秘，有利于体内毒素的排出。

### 白萝卜

白萝卜含有丰富的水分和膳食纤维，可促进胃肠蠕动，促进消化。

热量
67 千焦

100克可食部分

**热量
96 千焦**

100克可食部分

## 竹笋

竹笋含有丰富的膳食纤维，能够促进胃肠蠕动，而且鲜嫩清香，很适合用来排毒清肠。

**热量
257 千焦**

100克可食部分

## 狝猴桃

狝猴桃富含维生素 C，有调节肠胃、增强免疫力、抗衰老的功效。

## 菠萝

菠萝富含膳食纤维，可以促进胃肠蠕动，排毒护肤，轻松瘦身。

**热量
182 千焦**

100克可食部分

## 芹菜

芹菜富含矿物质、维生素和膳食纤维，能增进食欲，降低血压，健脑和清肠通便。

**热量
93 千焦**

100克可食部分

# 清肠排毒蔬果汁

## 补充膳食纤维

清肠排毒成为便秘、腹部胀满者深切的需求。通过补充膳食纤维的方式，或常吃一些具有排毒功能的食物，可帮助清理体内垃圾，有助于身体健康。

清肠排毒的方法有很多，如吃润肠通便的食物、做腹部运动，但服用泻药的方式不利于健康。

## 苹果

苹果是一种高营养、低热量的水果，其所含的膳食纤维多为可溶性膳食纤维，易被身体吸收。

### 促进胃肠蠕动

苹果所含的膳食纤维可以加快胃肠蠕动的速度，有助于食物消化，协助人体排出废物，起到清肠排毒的作用。

### 减肥

苹果含水量大，是低热量食物，且能增加饱腹感，饭前吃能减少进食量，达到减肥的目的。

### 安眠

苹果中含有的磷和铁等元素易被肠壁吸收，有补脑养血、宁神安眠的作用。

### 润肤防斑

苹果中含有大量的微量元素及维生素C，能帮助减少皮肤的雀斑和黑斑，可使皮肤细腻、润滑、有光泽。

## 🍹 花样搭配蔬果汁

### 苹果苦瓜汁

**原料**：苹果1个，苦瓜1/4根，纯净水适量。

**做法**：①苹果洗净，去皮、去核；苦瓜去子。将苹果、苦瓜分别切成小块。②将苦瓜块、苹果块放入榨汁机中，加纯净水至上下水位线之间，按"蔬果汁"键榨成汁，倒入杯中即可。

苦瓜焯水后可去除苦味。

**还能这样配**

**苹果+白萝卜**

苹果含有苹果酸和柠檬酸，搭配白萝卜可以刺激胃液的分泌，起到促进消化和吸收的作用。

**苹果+芒果**

苹果搭配芒果榨汁可使果汁的颜色更鲜艳，味道更加香甜。

## 苹果香菜汁

原料：苹果1个，香菜2根，纯净水适量。

做法：①苹果洗净，去皮、去核，切成小块。②香菜洗净焯熟，切成小段，和苹果块一起放入榨汁机，加纯净水榨汁即可。

## 苹果香蕉芹菜<sup>圭</sup>汁

原料：苹果1个，芹菜1/3根，香蕉1根，纯净水适量。

做法：①苹果洗净去皮、去核；芹菜洗净；香蕉去皮。②将上述原料切成小块，放入榨汁机中加入纯净水榨汁即可。

## 苹果莲藕汁

原料：苹果1个，莲藕1节，柠檬汁适量，纯净水适量。

做法：莲藕、苹果均洗净，去皮，切成小块，和纯净水一起倒入榨汁机搅打，过滤掉渣，调入柠檬汁拌匀即可。

妙的组合，感清香。

香蕉有助于维持好心情。

适合夏季饮用。

注：本书中蔬果汁制作中所使用的芹菜均为西芹，1根即1根芹菜茎，读者可根据自己的需求选择芹菜外围较粗大的茎或内部细嫩的茎。

# 苹果甜橙生姜汁

这款蔬果汁酸甜可口，苹果和橙子的味道可淡化生姜的味道。此款蔬果汁不仅具有清肠排毒瘦身的功效，同时可促进血液循环，缓解女性经期不适。

**适用人群**

· 一般人群均可食用，尤其适合经期不适的女性。

**不宜人群**

· 肝炎患者、口臭、胃酸过多的人不宜饮用。

## 做法

1 选新鲜饱满的橙子切成 4 块，去皮、去子。

2 将苹果用清水洗净，去皮、去核，切成小块。

3 将橙子块、苹果块、生姜片和温开水放入榨汁机搅打即可。

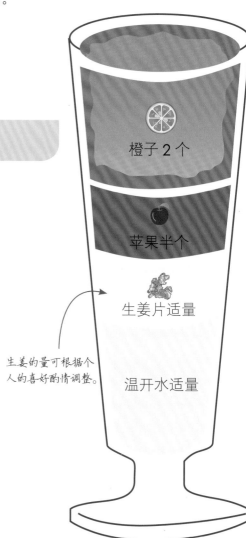

橙子 2 个

苹果半个

生姜片适量

生姜的量可根据个人的喜好酌情调整。

温开水适量

**热量**
**约 718 千焦** <sup>注</sup>
**趁热饮用**
肠胃不好和月经期不适时，榨成汁后要趁着温热及时饮用。

苹果和甜橙富含维生素，热量较低，与生姜的活血功能搭配更合适，口味酸甜适宜。

### 还能这样配

**苹果 + 西瓜**
西瓜含糖、含水量较多，一同榨汁口感更好，还可以美肌润肤。

注：本书中的热量为饮品中所用食材的热量之和。由于食材大小、重量不等，本书中热量为估算值，读者可根据自己的实际需要及所使用的食材量估算所制作的饮品的热量。

# 芹菜

芹菜是高膳食纤维蔬菜，可增强胃肠蠕动，加快粪便在肠内的运转速度，帮助人体及时排出废物，缩短有害物质在体内停留的时间，达到清理肠胃、纤体瘦身的目的。

### 减肥

芹菜可刺激脂肪消耗，再加上含有大量的膳食纤维，更利于排便，还能减少人体对脂肪以及胆固醇的吸收，从而起到减肥的效果。

### 清理肠道

芹菜可有效地清理肠道内的垃圾，让肠道处在一个健康的环境中。对于治疗和改善便秘来说，功效卓著。

### 降压

芹菜含有丰富的维生素、磷、铁、钙等营养物质，还含有蛋白质、甘露醇和膳食纤维等成分，具有舒张血管、降血压等作用。

### 防水肿

芹菜中富含钾，可预防浮肿，易水肿人群宜多饮用新鲜芹菜汁。

芹菜膳食纤维含量丰富，是排毒清肠的好选择。此外，芹菜的热量低，非常适合减肥期间食用。

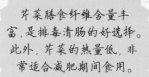 花样搭配蔬果汁

## 芹菜猕猴桃汁

原料：猕猴桃 2 个，芹菜 1 根，蜂蜜、纯净水各适量。

做法：①猕猴桃去皮，切成小块；芹菜洗净，取茎，折小段，备用。②榨汁机中加适量纯净水，然后依次放入猕猴桃块、芹菜段榨汁。③加蜂蜜调味即可。

口感清爽，富含膳食纤维。

### 还能这样配

**芹菜 + 荸荠**

芹菜具有降血压的功效，当芹菜遇上荸荠，不但清凉解热，降血压功效更加显著。

**芹菜 + 葡萄**

芹菜和葡萄富含人体所需的多种营养元素，可以补充身体所需的能量。

## 芹菜菠萝汁

原料：芹菜半根，菠萝 1/4 个，纯净水适量。

做法：①芹菜去筋留叶，洗净，切成小段；菠萝去皮，切成块，用盐水浸泡 10 分钟。②将芹菜段、菠萝块和适量纯净水依次放入榨汁机中搅打即可。

## 芹菜苹果草莓汁

原料：芹菜半根，苹果 1 个，草莓 8 个，纯净水适量。

做法：①苹果、芹菜、草莓分别洗净；苹果去皮、去核，切小块；芹菜带叶切小段；草莓去蒂。②将苹果块、芹菜段、草莓一起放入榨汁机中，加纯净水搅打成汁即可。

## 芹菜胡萝卜西柚汁

原料：芹菜 1 根，西柚半个，胡萝卜半根，纯净水适量。

做法：①芹菜洗净，切段，保留叶子；胡萝卜洗净，切小块；西柚去皮、去子，切块。②将上述原料和纯净水一起放进榨汁机中榨汁即可。

盐水泡过的菠萝口感更好。

口感香甜、层次丰富。

颜色漂亮、富含维生素C。

# 白萝卜

白萝卜的热量低，很适合减肥人群食用。如果不喜欢生白萝卜的味道，可以炖汤喝，不仅营养，还不增肥；或者可以凉拌，做成酸爽的凉菜更可口，当然还可以搭配其他蔬果做成蔬果汁饮用。

## 增强机体免疫功能

白萝卜含有丰富的维生素C和微量元素锌，有助于增强机体的免疫功能，提高抗病能力。

## 促进消化功能

白萝卜能够消积化滞，促进脂肪的分解。白萝卜所含的芥子油能够促进人体脂类食物的代谢，它含有的膳食纤维能够加速身体的毒素排出，改善便秘症状。

## 清咽利喉

白萝卜中含有大量的水分，维生素C的含量也很高，且吃起来有清凉感，能缓解咽喉肿痛。冬季多吃白萝卜可预防感冒，治疗感冒时嗓子不舒服有痰的食疗方中也少不了白萝卜。

## 预防便秘

白萝卜中含有丰富的膳食纤维，吸水性强，在肠道中体积容易膨胀，促进肠道的蠕动，有助于预防便秘、帮助排便。

白萝卜功效很多，有句谚语"冬吃萝卜夏吃姜"，可见冬季多食用白萝卜对身体有好处。

# 花样搭配蔬果汁

## 白萝卜橄榄汁

原料：白萝卜半根，青橄榄5个，梨、纯净水、柠檬汁、蜂蜜各适量。

做法：①将白萝卜、青橄榄、梨均洗净，去皮，分别切块，放入榨汁机中加纯净水榨汁。②加柠檬汁和蜂蜜调味即可。

体寒的人不适合饮用。

### 白萝卜＋苦瓜

白萝卜搭配苦瓜不仅开胃、助消化，还能清热泻火。

### 白萝卜＋圆白菜

白萝卜、圆白菜中含有的膳食纤维能刺激胃肠蠕动，减少粪便在肠道中停留的时间，预防结肠癌和直肠癌。

## 白萝卜苹果甜菜汁

原料：苹果 1 个，白萝卜半根，甜菜 1 个，纯净水适量。

做法：①苹果、白萝卜和甜菜分别洗净，去皮，苹果去核，均切成小块。②放入榨汁机中，加入纯净水榨汁即可。

## 白萝卜莲藕汁

原料：白萝卜 2 片，莲藕 3 片，蜂蜜、纯净水各适量。

做法：①白萝卜、莲藕分别洗净，去皮，切块。②将上述原料放入榨汁机中，加适量纯净水榨汁。③加入蜂蜜调味即可。

## 白萝卜草莓奶

原料：草莓 5 个，白萝卜 1/4根，牛奶 100 毫升，炼乳适量。

做法：①草莓去蒂，洗净，切块；白萝卜洗净，去皮，切块。②将草莓块、白萝卜块、牛奶、炼乳放入榨汁机搅打即可。

苹果可中和白萝卜和甜菜的味道。

有润肺止咳的功能。

颜色粉粉的，看起来很好喝。

# 菠萝

菠萝不仅口味酸甜，而且味道清香，十分吸引人。菠萝的营养价值也不低，能够帮助人体补充营养。少量吃菠萝可以增进食欲，过量则易引起肠胃的不适，所以吃菠萝一定要适量。

### 开胃消食

菠萝有很好的促消化作用，因而当肠胃消化不良时，吃些菠萝可以改善。此外，菠萝中含有的膳食纤维可以促进肠道蠕动，起到促进排便的作用，进而能预防便秘。

### 养颜美容

菠萝含有丰富的 B 族维生素和维生素 C，能有效淡化色斑、去除角质，促进皮肤新陈代谢，从而让肌肤细腻有光泽。

### 减肥瘦身

菠萝含有菠萝蛋白酶，能分解蛋白质，特别是能帮助人体消化肉类的蛋白质，减少人体对脂肪的吸收。此外菠萝丰富的膳食纤维还可以有效地润肠通便，对减肥有益。

### 消除疲劳

菠萝含有大量的果糖、葡萄糖，可以快速为人体补充能量，有助于消除疲劳。

菠萝不仅美味可口，还能清理肠道、纤体瘦身，但不可多食，多吃口舌会疼。

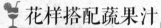

## 花样搭配蔬果汁

## 菠萝苦瓜猕猴桃汁

**原料：** 菠萝 1/4 个，苦瓜半根，猕猴桃半个，蜂蜜、纯净水各适量。

**做法：** ①将菠萝、猕猴桃去皮，切块，并将菠萝放盐水中浸泡 10 分钟。②苦瓜洗净，去子，切成小块。③将上述原料和纯净水放入榨汁机搅打成汁，调入蜂蜜即可。

泡过盐水的菠萝，涩口的感觉会淡化。

**还能这样配**

**菠萝 + 彩椒**

菠萝搭配彩椒榨汁，味道酸甜，可增强胃肠蠕动，缓解便秘。

**菠萝 + 芡实**

菠萝含有丰富的膳食纤维，芡实属于低热量的粗粮，二者搭配有利于减肥。

## 菠萝西瓜汁

原料：菠萝1块，西瓜1块，蜂蜜、纯净水各适量。

做法：①菠萝去皮，切块，用盐水泡一下；西瓜去皮、去子，切小块。②将菠萝、西瓜和纯净水一同放入榨汁机搅打，调入蜂蜜即可。

## 菠萝西红柿汁

原料：菠萝1块，西红柿1个，柠檬汁、蜂蜜、纯净水各适量。

做法：①菠萝去皮，切块，用盐水泡一下。②西红柿去蒂，洗净，切小块。③将上述所有原料及适量纯净水一起放入榨汁机搅打，调入柠檬汁和蜂蜜搅匀即可。

## 菠萝西柚汁

原料：菠萝1块，西柚1个，蜂蜜、纯净水各适量。

做法：①将菠萝、西柚去皮，切块，菠萝用盐水浸泡10分钟。②将菠萝块、西柚块及适量纯净水放入榨汁机搅打，再调入蜂蜜即可。

酸甜可口，生津止渴。

颜色漂亮、令人食欲大增。

口感过酸，可加蜂蜜调节。

# 菠萝西蓝花汁

西蓝花营养丰富，热量低，富含膳食纤维，是润肠通便的好选择；菠萝酸甜美味，具有开胃消食、消除水肿等作用。二者都富含维生素C，能促进铁的吸收，预防缺铁性贫血。此款蔬果汁不但有利于清肠排毒，还有美白瘦身的功效。

**适用人群**

- 特别适合有排毒清肠、减肥瘦身需求的人。

**不宜人群**

- 对菠萝蛋白酶过敏的人不宜饮用，肠胃不适时不要饮用。

## 做法

1 将西蓝花用盐水浸泡一下，然后仔细清洗干净，切成小块，用开水焯烫一下备用。

2 菠萝去皮，切块，放入盐水中浸泡10分钟，可以使菠萝口感更好。

3 将西蓝花块、菠萝块和纯净水倒入榨汁机搅打。

4 调入蜂蜜即可。

西蓝花 100 克

菠萝 1/4 块

蜂蜜适量

纯净水适量

味道酸甜，菠萝的味道遮盖了西蓝花的味道，占据主导。

**热量
约335千焦**

**不加蜂蜜**

减肥人士饮用，为了不增加热量可不添加蜂蜜。

*颜色碧绿，口感清爽，热量低，清肠排毒效果好。*

## 还能这样配

### 菠萝 + 杨桃

杨桃中含有丰富的微量元素和维生素，比如维生素C、B族维生素等。

# 纤体瘦身

纤体瘦身、保持身材对爱美女性来说是永恒不变的话题，如何通过日常饮食做到纤体瘦身几乎是每位女性都想了解的。下面就给大家推荐几款有助于纤体瘦身的蔬果汁。

## 纤体瘦身
## 食材任意选

### 黄瓜

黄瓜中所含的膳食纤维能促进人体肠道内有害物质的排出，有助于纤体瘦身。

**热量
65 千焦**

100克可食部分

**热量
156 千焦**

100克可食部分

### 柠檬

柠檬口味酸，能清除体内多余脂肪，起到减肥纤体的作用。

### 海带

海带的热量很低，营养物质丰富，能够协助人体排毒消脂，达到理想的减肥效果。

**热量
55 千焦**

100克可食部分

**热量
211 千焦**

100克可食部分

## 梨

梨含有大量的膳食纤维，
同时热量很低，饭前吃一个
梨可以让人产生饱腹感又
不会增重。

**热量
91 千焦**

100克可食部分

## 苦瓜

苦瓜热量较低、营养价值
较高，日常食用有利于控制
总热量的摄入。

## 火龙果

火龙果含有丰富的膳食纤
维，可增加饱腹感，同时热
量不高，营养美味，是减
肥的佳品。

**热量
234 千焦**

100克可食部分

## 菠菜

菠菜富含膳食纤维，饱腹
感强，热量低，多吃也不用
担心变胖。

**热量
116 千焦**

100克可食部分

# 纤体瘦身蔬果汁

控制热量摄入

很多减肥成功的人都会分享自己的减肥食谱,他们以增加蔬果在饮食中比例的方式,加上适度的运动,达到了健康减肥的目的。我们可以借鉴其中的成功经验,但是一看见菜谱中有那么多的绿叶菜和水果,是不是有人会觉得没食欲?此时,将蔬菜和水果榨成蔬果汁是个很好的选择!

> 纤体瘦身除了通过调整饮食、控制热量摄入外,还要配合适量运动。

## 黄瓜

黄瓜是减肥的好帮手,几乎所有的减肥食谱中都离不开黄瓜的身影。

**减肥瘦身**

黄瓜中的丙醇二酸,能够控制糖类物质转化为脂肪,因此有减肥的效果。

**美容护肤**

新鲜的黄瓜能有效促进机体的新陈代谢,扩张毛细血管,促进血液循环,增强皮肤的氧化还原作用,因此黄瓜具有美容的效果。同时,黄瓜的维生素含量丰富,能够为皮肤提供充足的养分,有效护肤。

**排毒防便秘**

黄瓜富含膳食纤维,能够促进肠道蠕动,帮助体内宿便的排出,有利于"清扫"体内垃圾。

**清口气,益肾脏**

黄瓜汁对牙龈有益,常吃能使口气清新。此外黄瓜还可降低体内尿酸水平,对肾脏具有保护作用。

## 花样搭配蔬果汁

### 黄瓜苹果汁

原料:黄瓜 1 根,苹果 1 个,纯净水适量。

做法:①黄瓜洗净,切段;苹果洗净,去皮、去核,切成小块。②将黄瓜段、苹果块和纯净水倒入榨汁机搅打成汁即可。

黄瓜搭配苹果,味道清香可口。

### 还能 这样配

**黄瓜 + 芹菜**
黄瓜有清热、解渴、利水、消肿的功效，搭配芹菜榨汁口感清香，对减肥很有帮助。

**黄瓜 + 海带**
黄瓜和海带都是热量低的蔬菜，搭配榨汁口感清香还不会增重。

## 黄瓜柠檬汁

原料：黄瓜1根，柠檬汁、蜂蜜、纯净水各适量。

做法：①黄瓜洗净，切段，和适量纯净水一起放入榨汁机中搅打。②调入蜂蜜和柠檬汁即可。

## 黄瓜哈密瓜汁

原料：哈密瓜1/4个，黄瓜1根，纯净水适量。

做法：①哈密瓜去皮、去瓤，切块；黄瓜洗净，切块。②将上述所有原料及适量纯净水放入榨汁机搅打即可。

## 黄瓜木瓜汁

原料：黄瓜1根，木瓜半个，纯净水适量。

做法：①黄瓜洗净，切段；木瓜洗净，去皮、去子，切成小块。②将黄瓜段、木瓜块及适量纯净水放入榨汁机搅打即可。

热量低，对瘦身很有帮助。

又甜又清香很好喝。

瘦身丰胸效果好。

# 黄瓜燕麦玫瑰豆浆

玫瑰花是著名的香精原料，其香气浓郁，味道甜美，常常被用来制茶、制酒和配制各种甜点。将玫瑰花搭配黄瓜打成豆浆，不但颜色诱人，而且芳香扑鼻，再加上燕麦，使得这杯饮品营养更加全面。常饮可以行气活血，养颜美容，尤其适合爱美的女性。

**适用人群**

• 非常适合女性饮用，有助于调理月经。

**不宜人群**

• 胃寒、便秘患者不宜过多饮用，孕妇也不宜饮用。

## 做法

1 将黄豆用水浸泡10~12小时，捞出洗净；黄瓜洗净，切小块；玫瑰花洗净。

2 把所有食材一起放入豆浆机中，加水至上下水位线之间，启动豆浆机打豆浆。

3 待豆浆制作完成，滤出即可。

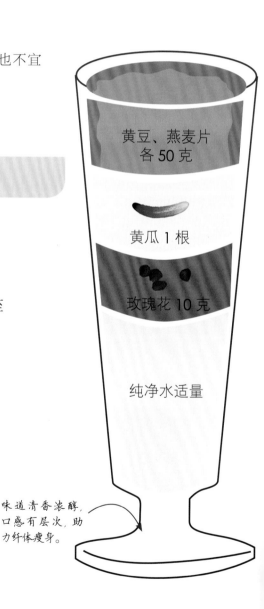

黄豆、燕麦片各50克

黄瓜1根

玫瑰花10克

纯净水适量

味道清香浓醇，口感有层次，助力纤体瘦身。

热量
约1600千焦

**适量饮用**

再好吃的东西也不能一次摄入过多，蔬果汁、豆浆也是这样。

这款豆浆食材搭配巧妙，颜色漂亮，口感香醇。

## 还能这样配

### 黄瓜 + 南瓜

富含胡萝卜素、维生素 C、锌、钾等，对改善神经衰弱、记忆力减退有效。

## 梨

梨中的维生素 C 含量非常丰富，吃梨不仅能够提高我们身体的抵抗力，还能够改善呼吸系统和肺部功能。

### 润肺化痰

梨能祛痰止咳，对咽喉和肺有养护作用。

### 润肠通便

梨中的果胶含量很高，有助于消化，通利大便。

吃梨时，会有口感粗糙的感觉，这是木质素及膳食纤维汇集而成导致的，可促进肠道蠕动，缓解便秘。

### 降血压

梨可以缓解疲劳，增强心肌活力，降低血压。

### 减肥

梨爽脆多汁，营养丰富，热量又不高，适合减肥期间食用。

*梨洗干净带皮生吃，可增加膳食纤维和获得多种维生素。*

## 🍹花样搭配蔬果汁

## 胡萝卜梨汁

原料：胡萝卜 2 根，梨 1 个，柠檬汁适量。

做法：①胡萝卜、梨均洗净去皮，切小块，放入榨汁机榨出汁液。②加入柠檬汁搅拌即可。

## 白萝卜梨汁

原料：白萝卜 100 克，梨 1 个，生姜汁 2 勺，蜂蜜适量。

做法：①将白萝卜洗净，切成适当大小；梨洗净，去皮、去核，切成小块。②将上述原料放入榨汁机搅打，再放入生姜汁和蜂蜜搅匀即可。

*颜值高，味道甜。*

*梨可以中和萝卜的辣味。*

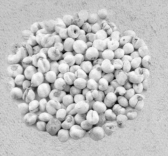

**梨 + 草莓**

梨清脆多汁，草莓口感酸甜，二者搭配榨汁，味道酸甜可口。

**梨 + 川贝**

梨和川贝搭配具有清热化痰、润肺止咳、散结消肿的功效，常用于缓解阴虚肺热、咳嗽、喘促、口燥咽干等症状。

## 苹果梨汁

原料：苹果 2 个，梨 1 个。

做法：①苹果、梨分别洗净，去皮、去核，切成小块。②将上述所有原料放入榨汁机搅打即可。

## 荸荠梨汁

原料：荸荠 6 个，梨 1 个，生菜 50 克，麦冬 15 克，蜂蜜适量。

做法：①荸荠洗净，去皮，切半；梨去皮、去核，切块；生菜洗净撕片；麦冬提前一晚放入热水泡好备用。②将上述所有原料放入榨汁机搅打，过滤后放入蜂蜜搅匀即可。

常见的食材组合。

有清肺润燥的功能。

# 苦瓜

苦瓜的热量低，非常适合减肥人士食用。

### 清热解毒

苦瓜有清热、益气的功效。对于清除体内热气、健脾胃有较好的效果，此外还有养肝和明目的效果。

### 滋润皮肤

苦瓜中的维生素 C 含量丰富，能够滋润皮肤，使干燥的肌肤变得水亮润透。

用苦瓜片敷脸，能缓解皮肤的燥热。

### 减肥减脂

它的功效之一就是能够减少人体对于脂肪的摄入，因此很多减肥人士选择吃苦瓜。

### 营养丰富

苦瓜营养丰富，富含多种营养成分，包括蛋白质、维生素、矿物质等。

> 凉拌苦瓜时，放入开水锅中烫一下去除草酸，捞出用冷水过凉，这样吃起来苦味会淡很多。

## 🍸 花样搭配蔬果汁

## 苦瓜胡萝卜汁

原料：苦瓜 1/4 根，胡萝卜 1 根，蜂蜜、纯净水各适量。

做法：①苦瓜洗净，去瓤、去子，切块；胡萝卜洗净，切块。②将苦瓜块、胡萝卜块放入榨汁机，加纯净水搅打，调入蜂蜜即可。

## 苦瓜苹果芦笋汁

原料：苹果 1 个，苦瓜半根，芦笋 4~5 根，纯净水适量。

做法：①苹果、芦笋分别洗净，苹果切小块，芦笋切段；苦瓜去瓤、去子，切成小块，和芦笋一起用开水焯烫一下。②将上述所有原料放入榨汁机搅打即可。

营养高，热量低。

苦瓜和芦笋焯水可去除部分苦味。

**还能**
**这样配**

### 苦瓜 + 山药

山药健脾益胃，助消化，可以提高人体免疫力，搭配苦瓜榨汁，营养更加丰富。

### 苦瓜 + 菠萝

苦瓜具有清热解毒的功效，菠萝有开胃的功效，同时菠萝的酸甜味还能中和苦瓜的苦味，搭配榨汁营养价值更高。

## 苦瓜西瓜汁

原料：西瓜 200 克，苦瓜半根。

做法：①西瓜去皮、去子，切块；苦瓜洗净，去子，切块。②将西瓜块和苦瓜块放入榨汁机搅打即可。

## 苦瓜橙子苹果汁

原料：苦瓜半根，橙子 2 个，苹果 1 个，蜂蜜、柠檬汁、纯净水各适量。

做法：①苦瓜洗净，去瓤，切成小块；橙子、苹果分别洗净，去皮，切成小块。②将上述所有原料放入榨汁机搅打，再调入柠檬汁和蜂蜜即可。

口感清爽，适合夏天饮用。

苹果甜，橙子酸甜，可中和苦瓜的苦。

# 菠菜

菠菜中含有多种对人体有益的维生素，尤其是维生素 C 和 B 族维生素的含量特别高。除此以外，它还含有胡萝卜素、蛋白质以及铁、钙、磷等多种对人体有益的营养成分，能满足人体正常代谢时对不同营养成分的需要。

## 通肠导便

菠菜中含有大量的膳食纤维，可促进肠道蠕动，利于排便，帮助消化。

## 增强抗病能力

菠菜中所含的胡萝卜素在人体内可以转变成维生素 A，能保护视力和维护上皮细胞的健康，增加人体抵抗传染病的能力。

## 促进人体新陈代谢

菠菜中所含的微量元素，能促进人体新陈代谢，保证身体健康。

## 减肥瘦身

菠菜是减肥的好帮手，含有丰富的膳食纤维、维生素，可增加饱腹感，从而减少其他食物的摄入，还可以促进肠蠕动，有助于排出身体毒素，所以说菠菜有很好的减肥功效。餐前喝菠菜汁，既有饱腹感，又有营养，有助于减肥。

菠菜是常见的蔬菜，营养丰富，还有利于瘦身。但不要和豆制品以及含钙丰富的食物一起食用，以免对身体造成不良影响。

## 花样搭配蔬果汁

### 菠菜香蕉奶

原料：菠菜半把，香蕉 1 根，牛奶 200 毫升。

做法：①菠菜去根，洗净，焯烫后切碎；香蕉剥皮，切段。②将菠菜碎、香蕉段和牛奶放进榨汁机搅打，即可。

热量低，营养好喝。

### 还能这样配

**菠菜 + 梨**

菠菜营养丰富，梨含有大量水分和营养素，二者搭配榨汁有生津止渴、润肺的作用。

**菠菜 + 胡萝卜**

菠菜和胡萝卜营养元素丰富，搭配榨汁食用别有一番风味。

## 菠菜橙子苹果汁

原料：橙子 1 个，苹果半个，菠菜 1 小把，纯净水适量。

做法：①橙子、苹果分别洗净，去皮、去子、去核，切成小块。②菠菜洗净，焯烫后切小段。③将所有原料放入榨汁机中榨汁即可。

## 菠菜苹果汁

原料：苹果半个，菠菜 1 小把，脱脂奶粉、柠檬汁、纯净水各适量。

做法：①菠菜洗净，焯烫后切段；苹果洗净，去皮、去核，切块。②脱脂奶粉加水充分溶解。③将上述所有原料放入榨汁机搅打成汁，调入柠檬汁即可。

## 菠菜草莓香瓜汁

原料：草莓 5 个，香瓜 1/4 块，菠菜 1 小把，蜜柑 1 个，纯净水适量。

做法：①草莓去蒂，洗净，切块；香瓜去皮、去瓤，切块；菠菜洗净，焯烫后切段；蜜柑去皮、去子。②将上述所有原料放入榨汁机搅打成汁即可。

富含维生素C。

加入脱脂奶粉，营养更丰富。

香味浓郁，味道可口。

# 防治水肿

水肿对爱美女性来说就像色斑一样，特别影响美观。很多人面对脸肿、眼肿、小腿肿、手指肿等"不速之客"不知所措，其实喝对蔬果汁就可轻松解决水肿问题，甩掉烦恼，从"轻"出发！

## 防治水肿
## 食材任意选

### 西红柿

西红柿富含胡萝卜素和维生素 C 等营养成分，有改善水肿、淡斑的功效。

热量
62 千焦

100克可食部分

热量
138 千焦

100克可食部分

### 西柚

西柚能改善肥胖、水肿，有抗菌、开胃、利尿、消肿、美白等功效。

### 冬瓜

冬瓜所含的果胶有助于排出体内废物，具有清热解毒、利尿、抗衰老的功效。

热量
43 千焦

100克可食部分

热量
121 千焦

100克可食部分

## 木瓜

木瓜中的果胶有助于排出体内废物，具有瘦身养颜、消肿健身的功效。

热量
108 千焦

100克可食部分

## 西瓜

西瓜甘甜多汁，具有预防水肿、降脂瘦身的功效，还能补充水分，让肌肤水润、有弹性。

## 黄瓜

黄瓜性凉味甘，能解渴、减肥，具有消肿、利尿、清热解毒的功效。

热量
65 千焦

100克可食部分

# 防治水肿蔬果汁

### 利尿除湿去水肿

　　每个女性或多或少都遇到过水肿的问题，时常发生的脸肿、眼肿等会让你早上看上去好像没有睡醒，还会被说成是"虚胖"，实在令人烦恼。那么如何改善水肿状况呢？喝对蔬果汁可以帮你消除水肿，重获轻盈！

> 防治水肿，平时生活中也要注意避免久站久坐，避免重口味，保持生活规律，享受健康人生。

## 西红柿

　　西红柿果实圆润而富有光泽，口感酸甜且多汁液，营养丰富。食用方法多样，可以生食、煮食，可以作为辅料入菜、入汤，还可制作蔬果汁等。

**营养丰富**

　　西红柿含有的营养成分非常丰富，它富含维生素 A、维生素 C 以及胡萝卜素和钙、磷、钾、镁等多种元素，此外其蛋白质、糖类、有机酸的含量也非常丰富。

**帮助消化**

　　西红柿富含苹果酸、柠檬酸，多吃西红柿有助于调理肠胃，促进消化。

**护心降脂**

　　西红柿中的有机酸、类黄酮可以保护心脏，降低胆固醇的含量，可以起到降血压、降血脂、增加冠状动脉血流量等作用。

**滋养皮肤**

　　西红柿可以促进血液中红细胞的形成，保持皮肤的弹性，让肌肤滋润、保持年轻态。

## 花样搭配蔬果汁

### 西红柿酸奶

原料：西红柿 2 个，酸奶 200 毫升。

做法：①西红柿去蒂，洗净，切成小块。②将西红柿块和酸奶一起放入榨汁机搅打成汁即可。

对减肥去水肿很有效。

### 还能这样配

**西红柿 + 牛奶**

牛奶搭配西红柿榨汁，颜色令人非常有食欲，而且有生津止渴、健胃消食、清热解毒的功效。

**西红柿 + 燕麦**

西红柿和燕麦搭配起来做成米糊，可以作为早餐食用。蔬菜和谷物搭配，营养美味不单调。

## 西红柿西柚苹果汁

原料：西红柿 1 个，西柚 1 个，圆白菜 50 克，苹果半个，纯净水适量。

做法：①西红柿洗净，去蒂，切成小块；西柚、苹果分别洗净，去皮、去子，切成小块；圆白菜洗净，撕成小片。②将所有原料及适量纯净水放入榨汁机中搅打成汁即可。

## 西红柿菠萝苦瓜汁

原料：西红柿 1 个，菠萝 1/4 块，苦瓜半根，纯净水适量。

做法：①西红柿洗净，去蒂；菠萝去皮，用盐水浸泡 10 分钟；苦瓜洗净，去瓤。②将上述所有原料切成小块，放入榨汁机中加适量纯净水搅打成汁即可。

## 西红柿西瓜柠檬汁

原料：西瓜 1 块，西红柿 1 个，柠檬汁、纯净水各适量。

做法：①西瓜去皮、去子；西红柿去蒂，洗净，切成小块。②将西瓜块、西红柿块放入榨汁机中，加纯净水搅打成汁，再调入柠檬汁调味即可。

食材丰富，营养高。

泡过盐水的菠萝更甜。

生津止渴，适合夏季饮用。

# 西红柿草莓汁

草莓、西红柿中富含铁和维生素，组合榨汁味道酸甜可口。这款蔬果汁不但可以增强抵抗力，还能美容瘦身、祛斑美白，让肌肤充满活力。

**适用人群**

- 适合失眠者、心情抑郁者、皮肤粗糙或有斑者等饮用。

**不宜人群**

- 脾胃虚寒、咳嗽、腹泻时不宜饮用。

## 做法

1 草莓用盐水浸泡一会儿，然后洗净，去蒂，切成块。

2 西红柿洗净去蒂，切成与草莓块大小相近的块。

3 将所有食材放入榨汁机，加入纯净水搅打均匀即可。

4 草莓、西红柿组合起来味道可能会有点酸，可加适量蜂蜜调节。

草莓 6 个

西红柿 1 个

蜂蜜适量

纯净水适量

颜色鲜艳，
口感层次
丰富。

**热量**
**约 197 千焦**
**及时饮用**

榨成汁后尽快饮用，以免氧化变味，影响口感。

此款蔬果汁酸甜可口，符合多数人的口味，且营养丰富。

## 还能这样配

### 西红柿 + 茭白

西红柿和茭白都有生津止渴、利尿的作用，搭配食用可清热解毒、利尿降压。

# 西柚

西柚口味酸甜，含丰富的维生素 C、维生素 E，是祛除痘痘、保养皮肤的天然护肤食品。

## 降压消肿

西柚富含钾，而钾有维护心脏、血管、肾脏健康的功能，是高血压、心脏病等患者的食疗水果，同时也可以起到防治和消除水肿的作用。

## 缓解焦虑

西柚特有的香味可以让人振奋精神，而西柚富含的维生素能够提高身体免疫力，使人心情舒朗、活力满满。

## 美容养颜

西柚富含天然维生素，可以预防皮肤干燥、松弛、皱纹等，而西柚子中也含有一种广谱抗生素，这种抗生素对祛除青春痘有比较好的效果。

## 减肥瘦身

西柚不仅口味佳而且热量低，所含的酶能够影响人体利用和吸收糖分的方式，促进糖分消耗，降低胆固醇，对于爱美女士来说是减肥降脂的好选择。

西柚是减肥人群的优选水果，不仅营养丰富而且热量较低，吃完会有饱腹感，是瘦身减肥人群的最佳选择之一。

## 花样搭配蔬果汁

### 西柚菠萝汁

原料：菠萝 1 块，西柚 1 个，蜂蜜、纯净水各适量。

做法：①将菠萝、西柚去皮，均切成小块，再将菠萝用盐水浸泡 10 分钟。②将菠萝块、西柚块及适量纯净水放入榨汁机搅打成汁，调入蜂蜜即可。

口感酸，需加蜂蜜调节。

**西柚 + 杨梅**

西柚中的维生素 C 含量非常丰富，搭配杨梅榨汁有生津解渴、和胃消食的功效，可改善消化功能。

**西柚 + 西瓜**

西柚富含维生素 C，西瓜中所含的氨基酸能够帮助人体排毒、消解脂肪、减肥瘦身。

**还能这样配**

## 西柚草莓橙子汁

原料：西柚 60 克，草莓 3 个，橙子 1 个，纯净水适量。

做法：①西柚去皮、去子，切块；草莓洗净，去蒂，橙子去皮、去子，切块。②将以上原料及适量纯净水放入榨汁机进行榨汁即可。

## 西柚葡萄香蕉汁

原料：葡萄 10 粒，西柚半个，香蕉 1 根，柠檬汁、纯净水各适量。

做法：①葡萄洗净，去皮、去子；西柚去皮、去子，切块；香蕉去皮，切段。②将葡萄、西柚块、香蕉段及适量纯净水放入榨汁机搅打，调入柠檬汁即可。

## 西柚草莓汁

原料：草莓 5 个，西柚半个，柠檬半个，纯净水适量。

做法：①草莓去蒂，洗净，切块，柠檬洗净，切块。②西柚去皮、去子，切块。③将上述所有原料及适量纯净水放入榨汁机搅打成汁即可。

口感酸甜，增进食欲。

富含维生素 C，美容养颜。

味道芬芳，酸爽可口。

# 西瓜

西瓜的果瓤脆嫩，果肉味甜多汁，富含矿物质和多种维生素，不仅是盛夏消暑佳果，而且还有很好的利尿作用。另外，西瓜营养全面却不含脂肪和胆固醇，是营养丰富、食用安全的水果。

## 美白润肤

西瓜汁富含多种有益健康和具有美容功效的营养物质，如氨基酸、维生素C等，既美白又极易被吸收，有很好的美白和滋润肌肤的功效。

## 利尿消肿

西瓜具有明显的利尿作用，还能辅助人体将盐分排出体外，减轻水肿。

## 瘦腿美腿

西瓜具有利尿消肿的功效，是天然的瘦腿美腿水果。

> 夏季吃西瓜不可贪多，肠胃功能弱的容易引起腹痛、腹泻；切开的西瓜尽量在2小时内吃完。

## 🍹 花样搭配蔬果汁

### 西瓜荸荠莴笋汁

原料：荸荠10个，西瓜1/4个，莴笋半根。

做法：①将荸荠、莴笋均洗净，去皮，切成小块；西瓜用勺子掏出瓜瓤，去子。②将上述所有原料一起放入榨汁机中榨汁即可。

口感清爽，热量低。

### 西瓜柚子芹菜汁

原料：柚子半个，西瓜60克，芹菜50克，纯净水适量。

做法：①西瓜用勺子挖成小块，去子；柚子去皮，切成2厘米见方的块；芹菜洗净切碎。②将以上原料放入榨汁机中，加适量纯净水榨汁即可。

酸甜适中，提神醒脑。

### 还能这样配

**西瓜 + 黄豆**

西瓜具有清热解毒、除烦止渴、利尿降压的作用，搭配黄豆做成豆浆，适合夏季食用，有助于祛暑养心。

**西瓜 + 梨**

西瓜和梨性寒，有利于清热去火，饮用时一定要细细地品尝，不要大口喝，否则易伤脾胃。

## 西瓜香蕉汁

原料：西瓜 1/4 个，香蕉 1 根。

做法：①西瓜用勺子挖出瓜瓤，去子；香蕉去皮，切成小段。②将西瓜和香蕉段放入榨汁机中搅打榨汁即可。

## 西瓜胡萝卜汁

原料：胡萝卜 1 根，西瓜 1/4 个。

做法：①胡萝卜洗净，切成小块；西瓜用勺子挖出瓜瓤，去子。②将上述原料放入榨汁机中榨汁即可。

补充水分，让肌肤水润、有弹性。

颜色鲜亮，看起来就很好喝。

# 西瓜冬瓜汁

　　冬瓜有利尿、消除水肿的作用，它可以帮助排出体内多余的水分，使肾脏功能维持正常的运作，消除水肿的现象。冬瓜搭配西瓜榨汁，口感清爽，助力身体除湿去水肿。

**适用人群**

· 　一般人群皆可饮用，尤其适合有减肥瘦身、消除水肿需求的人士。

**不宜人群**

· 　体质虚寒者不宜过多饮用，女子经期和寒性痛经者不宜吃冬瓜。

## 做法

**1** 冬瓜洗净，去皮、去瓤和子，切成小块。

**2** 用挖球器挖出西瓜里面的瓤，去子。

**3** 将冬瓜块、西瓜果肉和纯净水放入榨汁机搅打。

**4** 尝尝口感，喜欢甜可加蜂蜜调味；喜欢酸可调入柠檬汁。

冬瓜 100 克

西瓜 100 克

柠檬汁或蜂蜜适量

纯净水适量

口感清爽、消肿利尿，适合夏季饮用。

**热量**
**约 151 千焦**

**低热量高营养**

冬瓜热量低，搭配西瓜榨
汁味道好。

西瓜冬瓜汁还可以
消暑降火、降脂降压，
对高血压、便秘患者
可以辅助食疗。

### 还能这样配

**西瓜 + 苹果**

苹果营养丰富，搭
配西瓜口感更好。

# 塑形美体

S形曲线是很多女性梦寐以求的身材，为了追求完美的三围比例，塑形美体是必不可少的环节。美丽的身材不只是瘦，S形曲线要求凹凸有致，该瘦的地方瘦下去，该丰满的地方要丰满起来。

## 塑形美体
## 食材任意选

### 木瓜

吃木瓜有分解脂肪的作用，对减肥非常有帮助，尤其是可以塑形美体。

**热量**
**121 千焦**

100克可食部分

### 葡萄

葡萄有利尿、消水肿、改善贫血、美白抗衰老等功效。

**热量**
**185 千焦**

100克可食部分

### 丝瓜

丝瓜不仅热量低、营养丰富，还有利尿、消水肿的功效。

**热量**
**82 千焦**

100克可食部分

**热量
716 千焦**

100克可食部分

## 鳄梨

鳄梨中的不饱和脂肪酸能促进乳房组织的生长，维生素 A 可以促进雌性激素的分泌，有预防乳房变形的作用。

## 西红柿

西红柿能促使胃液分泌，增加胃酸浓度，调整胃肠功能，帮助消化脂肪及蛋白质，尤其是腹部脂肪。

**热量
62 千焦**

100克可食部分

## 猕猴桃

猕猴桃能够降低体内胆固醇含量，还能产生饱腹感，减少人体摄入过多热量的机会，为塑造健美身形提供条件。

**热量
257 千焦**

100克可食部分

## 菠菜

菠菜能促进胃液分泌，增进食欲，帮助消化，丰富的膳食纤维有润肠通便的功效。

**热量
116 千焦**

100克可食部分

# 塑形美体蔬果汁

## 局部塑形

每个时代对美的理解是不同的，当下欣赏"骨感美"，因此女性在追求瘦的道路上永不停歇。但是"纸片人"似的身材不能引领健康的生活风尚，女性应该追求窈窕的曲线美。喝蔬果汁不仅能让你瘦，更能让你瘦得漂亮。

> 木瓜营养价值高，能丰胸减脂，可搭配其他喜欢的蔬果榨汁来中和木瓜的味道。

## 木瓜

木瓜果皮光滑美观，里面果肉厚实细致、香气浓郁、汁水丰盈，甜美可口、营养丰富。

### 营养丰富

新鲜木瓜果实中氨基酸种类齐全，含量高。木瓜中还含有丰富的维生素C、维生素E、B族维生素、胡萝卜素、蛋白质等多种营养元素。

### 增强免疫力

木瓜营养美味，含有胡萝卜素和丰富的维生素C，具有很强的抗氧化能力，能够帮助修复机体组织，增强人体免疫力。

### 美白肌肤

木瓜已成为美白护肤的天然食品，因其所含的木瓜蛋白酶是一种能促进皮肤和细胞再生的天然酶。它有助于皮肤去角质并显露出新细胞，并且还有软化肌肤的功效。

### 有助减肥

木瓜本身热量不高，其所含的木瓜蛋白酶有助于脂肪分解，还能促进蛋白质消化，因此减肥人士可适当食用木瓜。

## 花样搭配蔬果汁

### 木瓜黑芝麻酸奶

原料：木瓜1块，黑芝麻1汤匙，酸奶200毫升，蜂蜜适量。

做法：①木瓜去皮、去瓤、去子，洗净，切小块；黑芝麻炒熟，磨成粉更佳。②将木瓜块和黑芝麻放入榨汁机，倒入酸奶，搅打成汁后倒入杯中，加入适量蜂蜜即可饮用。

早上来一杯，营养丰富又好喝。

**木瓜 + 玉米**

木瓜有消食、清热等功效，搭配玉米榨汁，口感会得到改善。

**木瓜 + 莲藕**

二者搭配口感清凉，热量低，对减肥很有帮助。

## 木瓜芒果汁

原料：木瓜 150 克，芒果 200 克，纯净水适量。

做法：①木瓜去皮、去瓤、去子，洗净，切小块；芒果取果肉。②将木瓜块和芒果果肉放入榨汁机，加适量纯净水，搅打成汁后连渣一起倒入杯中，及时饮用即可。

## 木瓜菠萝汁

原料：木瓜 300 克，菠萝 200 克，纯净水适量。

做法：①木瓜去皮、去瓤、去子，切小块；菠萝去皮，洗净，切小块，用盐水浸泡一会儿。②将木瓜块和菠萝块放入榨汁机中，加入适量纯净水，搅打成汁即可。

## 木瓜乳酸饮

原料：木瓜 150 克，原味乳酸饮料 200 毫升。

做法：①木瓜洗净，去皮、去子，切成小块。②将木瓜块和原味乳酸饮料一同放入榨汁机搅打即可。

橙色的果汁让人很有食欲。

酸甜可口，加入菠萝中和了木瓜的味道。

酸酸甜甜的，小朋友也可以喝。

# 木瓜橙子汁

　　木瓜所含的酶可以帮助消化，和橙子一同榨汁能补充膳食纤维和维生素，还能促进胃肠蠕动，排毒清肠，同时还具有美白的功效。

**适用人群**

- 一般人群皆可饮用。

**不宜人群**

- 肠胃不舒服时慎饮。

## 做法

**1** 木瓜洗净后去皮、去瓤、去子，切成小块。

**2** 橙子洗净去皮、去子，取出果肉，切小块。

**3** 将木瓜块和橙子块放入榨汁机，再加入适量纯净水，搅打成汁。

**4** 连渣一起倒入杯中，及时饮用即可。

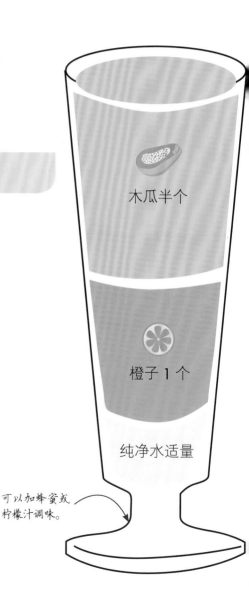

木瓜半个

橙子1个

纯净水适量

可以加蜂蜜或柠檬汁调味。

**热量**
**约 586 千焦**

改善口味
木瓜搭配橙子会提升蔬果汁的口感。

木瓜和橙子富含维生素C、胡萝卜素等，可以有效缓解皮肤干燥，在干燥的季节可适量多饮。

### 还能这样配

**木瓜 + 黄瓜**
二者搭配，减肥塑形效果好。

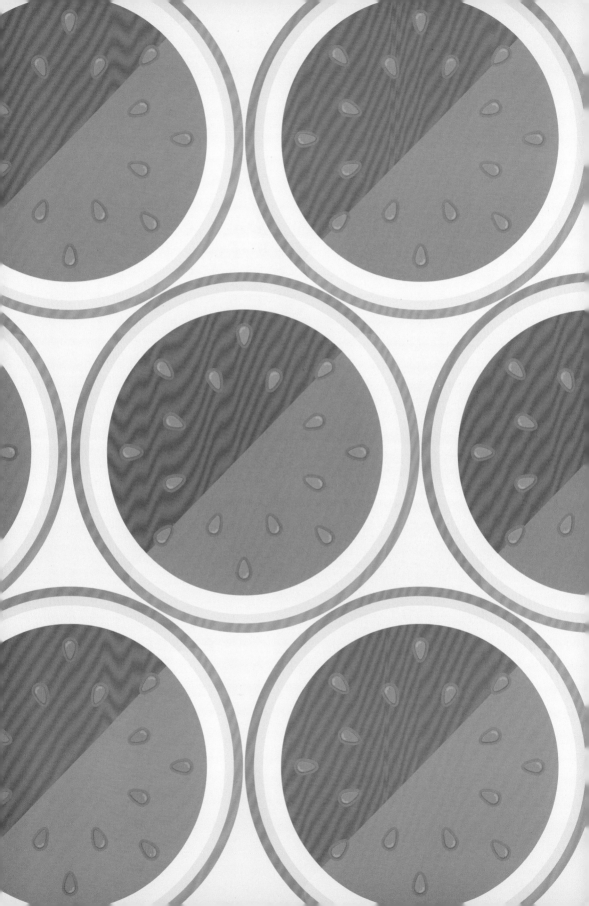

# 第三章

## 对症调体质蔬果汁

　　在现代快节奏生活的压力下，亚健康、职业病"流行"，这时候我们需要一杯低热量、富含维生素及矿物质的蔬果汁。利用蔬果自身的魔力调理身心，以食疗代替药物，在感受美味、可口蔬果汁的同时轻松摆脱亚健康状态带来的感冒、失眠、便秘、咳嗽等问题。一杯在手，健康不愁！

# 防治感冒

感冒大军中女性和孩子占多数，原因是女性因生理特征导致体质相对虚弱，尤其在月经期和更年期，机体免疫力下降；孩子处在生长发育期，身体抵抗力较弱。感冒较容易侵犯免疫力低下的人群。

## 防治感冒
## 食材任意选

### 柿子

柿子有清热去燥、润肺化痰、止渴生津等功效，可以缓解感冒时的咽喉不适。

热量
308 千焦

100克可食部分

### 黄豆芽

黄豆发芽后，维生素 C 的含量急剧增加，可有效提升人体免疫力，预防感冒。

热量
198 千焦

100克可食部分

### 橙子

橙子含丰富的维生素 C，能提高人体的抵抗力，增强人体抵御病毒入侵的能力。

热量
202 千焦

100克可食部分

**热量
111 千焦**

100克可食部分

## 西蓝花

平时多吃些西蓝花，可缓解气候干燥带来的不适，提高人体抵御感冒病毒的能力。

## 甜椒

甜椒中富含维生素 C，有提升机体免疫力的功效，感冒时每天摄取大量的维生素 C，可减轻症状，缩短病程。

**热量
77 千焦**

100克可食部分

## 红薯

红薯富含维生素 C 和B 族维生素，具有增强体质、提高免疫力等作用。

**热量
260 千焦**

100克可食部分

## 莲藕

莲藕生食能清热润肺，感冒、咽喉疼痛的时候，可以用藕汁漱口，有特别的疗效。

**热量
200 千焦**

100克可食部分

# 防治感冒蔬果汁

## 增强抵抗力

感冒时，食欲不振，此时喝一杯营养美味的蔬果汁，不但能补充能量，还能让身体快速恢复健康！一起来看一下哪些蔬果汁具有如此神奇的功效吧！

> 感冒时注意饮食清淡，不要吃生冷辛辣食物，有利于早日痊愈。

## 感冒

感冒是呼吸系统急性炎症的总称，包括急性鼻咽炎、病毒性咽喉炎、扁桃体炎等上呼吸道感染的疾病。

### 诱发因素

淋雨，着凉，气候变化，过度疲劳；营养不良，缺乏维生素 A、维生素 D，抵抗力下降；本就有慢性呼吸道疾病的患者；人员密集的环境、不良的生活方式、空气污染等都可能引起感冒。

### 症状

以鼻咽部黏膜炎症为主要症状，包括咳嗽、流涕、打喷嚏、鼻塞等。

### 危害

普通的感冒会引起发热头痛、四肢酸痛无力、打喷嚏、鼻塞、喉痛等不适症状，对生活影响不大，而且短期内就会恢复。但如果感冒严重了，则会引起身体的其他不适，如心脏和肺的并发症，甚至危及生命。

### 预防

预防感冒平时要注意锻炼身体，提高自身抵抗力。注意个人卫生和保持良好规律的生活习惯，在日常饮食中注意合理搭配，少吃或不吃辛辣刺激性食物。

## 🍹花样搭配蔬果汁

### 苹果菠菜橙汁

原料：橙子 1 个，苹果半个，菠菜 1 小把，柠檬 2 片，纯净水适量。

做法：①橙子、苹果分别洗净，去皮、去子，切成 2 厘米见方的小块；菠菜洗净、焯烫后切小段；柠檬去皮、去子。②加适量纯净水后，将上述所有原料放入榨汁机中榨汁即可。

富含维生素C，增强抵抗力。

## 还能这样配

**苹果 + 猕猴桃**

两者搭配可补充丰富的维生素C 及膳食纤维，可润肠通便，美容养颜，还能提高身体免疫力，预防感冒。

**胡萝卜 + 菜花**

二者搭配制成蔬果汁有美容瘦身、提高免疫力、改善体质等功效。

### 苹果甜椒莲藕汁

原料：苹果半个，甜椒半个，莲藕50 克，温开水适量。

做法：①苹果洗净，去皮、去核，切小块；莲藕洗净去皮，切成丁。②甜椒洗净，去蒂、去子，切小块。③将上述所有原料放入榨汁机中，加半杯温开水榨汁即可。

### 胡萝卜柿子柚子汁

原料：胡萝卜1根，柿子半个，柚子半个，纯净水适量。

做法：①胡萝卜、柿子、柚子分别洗净，胡萝卜去皮，柿子去蒂，柚子去皮、去子，均切成小块。②加入适量纯净水，将上述所有原料放入榨汁机中榨汁即可。

### 黄豆芽汁

原料：黄豆芽300 克，蜂蜜、纯净水各适量。

做法：①黄豆芽洗干净，去除种皮，焯熟后放入榨汁机中榨汁。②过滤后，加入等量纯净水煮沸，依据个人口味加入蜂蜜调味即可。

缓解感冒，用温开水榨汁较好。

柚子可以少放一些。

加了蜂蜜，口感会好一些。

# 莲藕生姜汁

　　莲藕富含维生素 C、氧化酶和多酚类物质，可增强人体免疫力。生姜中含有大量的生姜素，味辛辣，具有驱寒、发汗的功效。莲藕搭配生姜榨汁可中和生姜的辣味，对预防和治疗感冒有很好的效果。

**适用人群**

* 　一般人皆可饮用，尤其适合因感冒身体不适、食欲不振的人。

**不宜人群**

* 　易腹泻者和产妇不宜吃藕。

## 做法

1　莲藕洗净去皮，切成小块。

2　生姜洗净去皮，切成与莲藕大小相近的块。

3　将莲藕块和生姜块一同放入榨汁机，倒入纯净水，一起搅打。

4　倒入杯中，依照个人口味调入柠檬汁或蜂蜜即可。

莲藕 3 片

生姜 3 片

柠檬汁或蜂蜜
适量

纯净水适量

用莲藕榨汁，可
提前焯烫一下。

**热量
约195千焦**

**"一汁多能"**

此款蔬果汁不但可以防治感冒，还有助减肥。

夏天饮用莲藕生姜汁可以起到开胃生津、清热凉血、防暑、增强食欲的功效。

## 还能这样配

### 莲藕 + 甜椒

二者都有防治感冒的功效，搭配榨汁效果更好。

# 防治失眠

大部分人在经历压力、刺激、兴奋、焦虑、生病或者睡眠规律改变时（如倒时差、轮班的工作等）都会出现睡眠问题。不要一出现失眠就服用安眠药，那样对身体有不良影响，可以在睡前半小时喝一杯牛奶或安神蔬果汁。

## 防治失眠
## 食材任意选

### 南瓜

南瓜富含色氨酸，能缓解紧张感，同时还能改善心情，因而有助于入眠。

热量
97 千焦

100克可食部分

热量
1155 千焦

100克可食部分

### 红枣

红枣含有丰富的黄酮类化合物，能够理气安神、有助睡眠。

### 核桃

核桃中含有大量的褪黑素，可以很好地调节人体的睡眠，是安睡必备的物质之一。

热量
2704 千焦

100克可食部分

**热量**
**298 千焦**

100克可食部分

## 桂圆

桂圆具有安神养心、补血益脾的功效，非常适合长期失眠者食用。

**热量**
**194 千焦**

100克可食部分

## 樱桃

樱桃中含有的褪黑素有助于人们更快入睡，对于经常性失眠的人有辅助治疗作用。

## 芹菜

吃芹菜可以帮助提高人体的睡眠质量，这可能与其中含有的生物碱成分具有镇静和安定作用有关。

**热量**
**93 千焦**

100克可食部分

## 莲子

莲子清香可口，具有补心益脾、养血安神等功效，莲子有镇静作用，食用后有助于入睡。

**热量**
**1463 千焦**

100克可食部分

# 防治失眠蔬果汁

安神补脑

失眠会对日常生活和工作造成很大困扰，躺在床上辗转反侧睡不着是一件痛苦的事。治疗失眠除了寻医问药外，还可以在日常生活中吃些安神助眠的食物。尝试在睡前喝一杯有助于睡眠的蔬果汁是个不错的选择！

> 治疗失眠除了寻医问药、饮食调节外，还要注意调节情绪，以积极的心态面对生活。

## 失眠

失眠是指入睡困难、睡眠质量下降和睡眠时间减少的症状。失眠会造成记忆力、注意力下降，从而影响日常生活。

### 诱发因素

导致失眠的因素有外部因素和内部因素：外部因素包括居住环境嘈杂不舒适、不良的生活习惯；内部因素包括疾病、精神和年龄变化等。

### 症状

很难进入睡眠；睡眠质量不好，并且身体乏力，神思恍惚；入睡困难，不能熟睡，早醒且醒后无法再入睡；噩梦不断，严重影响睡眠质量。

### 危害

失眠会对身体和日常生活产生很多负面影响，如健忘失忆、引起肥胖、加速衰老、导致多种并发症等。

### 预防

防治失眠较好的方法就是调整自己的心态，如果是疾病因素导致的要积极寻求医生的帮助。在日常生活中要放松心态，同时多吃安神补脑的食物。

## 🍹 花样搭配蔬果汁

### 南瓜黄瓜汁

原料：南瓜 100 克，黄瓜 1 根，纯净水适量。
做法：①南瓜洗净，去皮、去子，切成薄片，蒸熟；黄瓜洗净，切成 2 厘米见方的小块。②将上述两种原料放入榨汁机中，加入适量纯净水搅打榨成汁即可。

可加入喜欢的辅料调节口味。

### 芒果 + 牛奶

芒果富含胡萝卜素，牛奶富含钙，能镇静安神。二者制成蔬果汁，可以缓解精神紧张，调节睡眠。

### 橘子 + 西红柿

橘子的清香有助入睡，同时这款蔬果汁能补充 B 族维生素，对改善大脑和神经系统功能有利，可帮助改善睡眠。

## 莲子桂圆苹果汁

原料：莲子 30 克，桂圆 10 克，苹果 1 个，核桃 2 个，纯净水适量。

做法：①莲子洗净，去心；桂圆去皮、去核；苹果洗净，去皮、去核，切块。②将上述所有原料放入榨汁机中加纯净水及核桃仁搅打榨汁即可。

## 桑葚红枣芹菜汁

原料：桑葚 30 克，红枣 10 枚，芹菜半根，蜂蜜、纯净水各适量。

做法：①桑葚洗净；红枣洗净去核；芹菜洗净，留叶，切碎。②将上述所有原料放入榨汁机中，再加适量纯净水榨汁。③饮用时调入适量蜂蜜即可。

## 芹菜杨桃葡萄汁

原料：芹菜 3 根，杨桃 1 个，葡萄 10 粒，纯净水适量。

做法：①芹菜洗净，切成小段；杨桃洗净，切成小块；葡萄洗净，去皮、去子。②将上述原料和纯净水放入榨汁机搅打成汁即可。

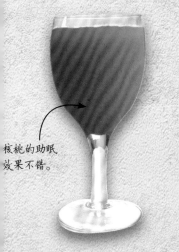

核桃的助眠效果不错。

红枣和芹菜都有利于睡眠。

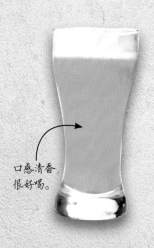

口感清香很好喝。

# 缓解便秘

饮食不规律、工作压力大、缺乏运动、胃肠功能不佳、上火、内分泌失调等，都会引发便秘。这时，应该摄取足够的水分、维生素及膳食纤维。香蕉、无花果、李子、芦荟、玉米以及酸奶，都是不错的选择。每天一杯蔬果汁，轻松解决便秘问题。

## 缓解便秘
## 食材任意选

### 香蕉

香蕉含有大量果胶，可以帮助胃肠蠕动，促进排便，吸附肠道内的毒素，美容养颜。

**热量
389 千焦**

100克可食部分

### 李子

李子富含膳食纤维和果酸，可加快肠道蠕动，促进干燥的大便排出。

**热量
157 千焦**

100克可食部分

**热量
272 千焦**

100克可食部分

### 无花果

无花果含有多种脂类，具有润肠通便的效果。

**热量 197 千焦**

100克可食部分

## 芦荟

芦荟中的特殊成分芦荟苷起着增进食欲、促进消化的作用，对治疗便秘非常有效，但不宜多食。

**热量 301 千焦**

100克可食部分

## 酸奶

酸奶含有大量益生菌，可以预防便秘，加快肠道的蠕动，促进粪便排出体外。

## 玉米

玉米富含膳食纤维，能辅助防治便秘、肠炎。

**热量 469 千焦**

100克可食部分

## 韭菜

韭菜含有大量维生素和膳食纤维，能促进胃肠蠕动，治疗便秘，预防肠癌。

**热量 102 千焦**

100克可食部分

# 缓解便秘蔬果汁

## 补充膳食纤维和水分

平时饮食结构不合理，膳食纤维摄入不足，饮水过少，是导致便秘的主要原因。蔬果汁就能很好地解决这一问题。每天喝适量的有助于缓解便秘的蔬果汁就能告别便秘的烦恼，一起来了解下吧！

发生便秘时要合理饮食，增加蔬菜、水果在饮食中的比例，多吃富含膳食纤维的食物。

## 便秘

便秘是指排便次数减少和排便困难，排便次数每周少于 3 次，严重者长达 2~4 周才排便一次。

### 诱发因素

肠道蠕动能力减弱、饮食缺乏膳食纤维、排便习惯不规律、缺乏运动等因素都会诱发便秘。

### 症状

便秘的主要表现是大便次数减少，间隔时间延长，或大便间隔时间正常，但粪质干燥，排出困难；或粪质不干，排出不畅。

### 危害

经常便秘，影响消化系统功能，营养吸收不良，有害物质不能及时排出去，便秘严重时，会引起痔疮或其他肛肠疾病。

### 预防

经常锻炼身体，散步、跑步等运动都可以促进体内肠道蠕动，防治便秘；保持饮食多样化，多吃蔬菜、水果等富含膳食纤维的食物，并适量饮水，养成好的排便习惯。

## 🍹花样搭配蔬果汁

### 无花果猕猴桃汁

原料：无花果 3 个，李子 3 个，纯净水适量。

做法：①无花果剥皮，切成 4 等份；李子洗净，去核。②将上述所有原料放入榨汁机中搅打成汁即可。

富含膳食纤维
口味层次丰富

**还能这样配**

**西红柿＋蜂蜜**

西红柿所含的果酸及膳食纤维有消化、润肠通便的作用，搭配蜂蜜榨汁可防治便秘。

**火龙果＋猕猴桃**

火龙果含有植物性蛋白、维生素和膳食纤维，还含有抗氧化、抗衰老的花青素，和猕猴桃一同榨汁饮用，能润肠通便，可防治便秘。

## 香蕉酸奶

原料：香蕉1根，酸奶250毫升，纯净水适量。

做法：①将香蕉去皮，切段。②将香蕉段、酸奶、纯净水一同放入榨汁机搅打均匀即可。

## 香蕉西蓝花奶

原料：西蓝花100克，香蕉1根，牛奶100毫升。

做法：①西蓝花洗净，掰小朵，茎切成小块，用开水焯烫一下；香蕉去皮，切成小段。②将西蓝花块、香蕉段和牛奶一起倒入榨汁机搅打成汁即可。

## 芦荟西瓜汁

原料：芦荟2片，西瓜250克。

做法：①芦荟去皮取肉，切成小块；西瓜去皮，去子，切成小块。②将芦荟块、西瓜块放入榨汁机搅打成汁即可。

香蕉有润肠通便的功效。

富含膳食纤维，有助通便。

清热去火，缓解便秘。

# 猕猴桃芹菜玉米汁

　　芹菜和玉米都是缓解便秘的好帮手，组合在一起使这款蔬果汁中含有丰富的膳食纤维，可以促进排便，缓解便秘。同时猕猴桃富含维生素C等多种营养元素，在缓解便秘的同时又补充了营养。

**适用人群**

- 一般人群皆可饮用，尤其适合便秘患者。

**不宜人群**

- 对猕猴桃过敏者不宜喝。

## 做法

**1** 买现成的鲜玉米粒，或买新鲜玉米自己动手剥下玉米粒，洗净，煮熟。

**2** 猕猴桃洗净去皮，切成小块。

**3** 芹菜择去菜叶留茎，洗净，切成小段备用。

**4** 将玉米粒、猕猴桃块、芹菜段放入榨汁机中，加纯净水至上下水位线之间进行榨汁。

**5** 加入蜂蜜调味即可。

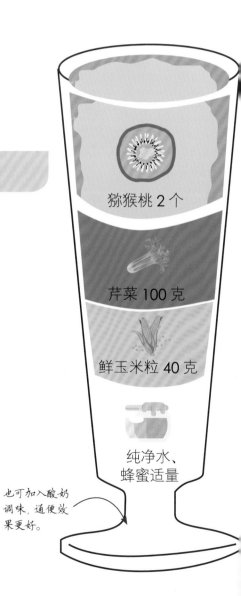

猕猴桃 2 个

芹菜 100 克

鲜玉米粒 40 克

纯净水、蜂蜜适量

也可加入酸奶调味，通便效果更好。

**热量
约 502 千焦**

**膳食纤维功力大**

缓解便秘的关键就是要增
加膳食纤维的摄入。

此款蔬果汁可有效预防
便秘，解决孕妈妈便秘
的烦恼。

## 还能这样配

**玉米 + 海带**

海带所含的胶质能促
进体内的有害物质随
同大便排出体外。

# 止咳润肺

感冒大多伴有咳嗽，当感冒的其他症状基本消失后，唯有咳嗽好得比较慢。咳嗽让人不舒服，有痰时更是影响正常的工作生活。治疗咳嗽，一般食疗功效很好，一杯清爽的蔬果汁有润肺化痰的功效，既美味又可以缓解咳嗽，当然值得一试！

## 止咳润肺
## 食材任意选

### 白萝卜

白萝卜具有清热润肺、止咳化痰的功效，还有消炎的作用，吃白萝卜可缓解嗓子疼。

热量
67 千焦

100克可食部分

热量
692 千焦

100克可食部分

### 百合

百合润肺止咳，可辅助治疗心肺疾患，如肺热、肺燥咳嗽、惊悸失眠等。

### 梨

梨润肺清热，生津止渴，可治疗肺燥咳嗽、干咳无痰、唇干咽干等症。

热量
211 千焦

100克可食部分

**热量 200 千焦**
100克可食部分

## 莲藕

莲藕具有止咳的作用，咳嗽期间多喝些莲藕汁，能有效改善咳嗽的症状。

**热量 1335 千焦**
100克可食部分

## 橘皮

橘皮有开胃、理气、止咳润肺的功效，橘子中能止咳化痰的成分主要存在于橘皮中。

## 荸荠

荸荠有清热生津、凉血解毒、化痰消积等作用，可用于治疗咽喉肿痛、肺热咳嗽等上火症状。

**热量 256 千焦**
100克可食部分

## 枇杷

枇杷可用于治疗肺热、风热咳嗽等上呼吸道感染疾病。药补不如食补，防治咳嗽可在平时吃一些枇杷。

**热量 170 千焦**
100克可食部分

# 止咳润肺蔬果汁

## 清热解毒去火

换季时，身体抵抗力差的老人和小孩容易出现咳嗽的症状。在日常生活中，可以吃一些有润肺止咳功效的食物，谨记"预防大于治疗，食补胜于药补"。蔬果汁美味可口，还能提高身体抵抗力，易于被老人和小孩接受。

久咳不愈时，一定要注意饮食调节，听从医生建议，不吃热性易生痰的食物。

## 咳嗽

咳嗽是呼吸道常见症状之一，通常由于气管、支气管黏膜或胸膜受感染，异物、物理或化学性刺激引起的机体防御性神经反射。

**诱发因素**

换季冷热交替、气温突然变化、受到病毒或细菌的感染都会引起咳嗽。

**症状**

不同的咳嗽症状预示着不同疾病：持续性咳嗽，长时间不见好转可能是肺部疾病的前兆；剧烈的阵发性咳嗽，咳时面部憋得通红，呼吸受到影响，建议及时就医查明原因。

**危害**

咳嗽可以清除呼吸道异物和分泌物，但如果一直咳嗽，就会给患者生活和身体带来很大的痛苦，需对症治疗。

**预防**

预防咳嗽，要加强锻炼，以提高机体免疫力；关注气候气温变化；在感冒多发季节提前预防，多喝清喉利咽的蔬果汁，比如梨和萝卜都对缓解咳嗽有一定功效。

## 花样搭配蔬果汁

### 莲藕橘皮汁

原料：莲藕 100 克，新鲜橘皮 1 个，蜂蜜、纯净水各适量。

做法：①莲藕洗净，去皮，切成 2 厘米见方的小块；新鲜橘皮用清水彻底洗净，用盐水浸泡后捞出，切小块。②将莲藕块、橘皮块放入榨汁机中，加适量纯净水榨汁，调入少量蜂蜜饮用即可。

橘皮具有止咳化痰的功效。

## 还能这样配

**胡萝卜 + 荸荠**

胡萝卜能增强身体抵抗力，荸荠可清热润肺，两者搭配榨汁能增强人体免疫力，预防感冒咳嗽。

**梨 + 百合**

梨和百合都有润肺祛痰、清热止咳的功效，二者组合起来的蔬果汁对缓解咳嗽很有效。

### 西瓜香瓜梨汁

原料：梨 1 个，西瓜 1/4 个，香瓜半个，柠檬 2 片。

做法：①梨、香瓜分别洗净，梨去核，香瓜去子，均切成小块。②西瓜用勺子掏出瓜瓤，去子；柠檬片切碎。③将上述所有原料一起放入榨汁机中榨汁即可。

### 百合圆白菜饮

原料：鲜百合 1 个，圆白菜叶 2 片，蜂蜜、纯净水各适量。

做法：①百合掰开，洗净；圆白菜洗净，切小块。②将百合、圆白菜块依次放入榨汁机，加纯净水榨汁。③加适量蜂蜜调味即可。

### 白萝卜莲藕梨汁

原料：白萝卜 2 片，莲藕 3 片，梨 1 个，蜂蜜、纯净水各适量。

做法：①白萝卜、莲藕分别洗净，去皮，切成小块；梨洗净，去皮、去核，切块。②将上述所有原料放入榨汁机中，加适量纯净水榨汁。③加适量蜂蜜调味即可。

清热去火，缓解咳嗽。

百合的止咳化痰功能很好。

萝卜和梨都可以缓解咳嗽。

# 防治"三高"

　　"三高"是高血脂、高血压、高血糖的总称，很多肥胖型高血压患者常伴有糖尿病，而糖尿病也多伴有高血压，因此将两者称为同源性疾病。高血压、糖尿病、高血脂有相同的发病基础，因此防治高血压与糖尿病也应同时调节血脂。

防治"三高"
食材任意选

## 苦瓜

苦瓜被称为"植物胰岛素"，能使血糖浓度稳定、血脂平衡，能够降低血压，适合高血压、高血糖人群。

**热量
91 千焦**

100克可食部分

**热量
304 千焦**

100克可食部分

## 石榴

石榴对心脑血管有保护作用，可以帮助降低"三高"。石榴中还有多种消炎杀菌成分。

## 芹菜

芹菜的功效很多，不光热量低，帮助减肥，还能降血脂和血糖，预防并辅助治疗高血压。

**热量
93 千焦**

100克可食部分

**热量
79 千焦**

100克可食部分

## 芦笋

芦笋中的脂肪量和含糖量
都非常低，而膳食纤维和蛋
白质的含量丰富，常吃芦
笋可减肥降脂。

**热量
234 千焦**

100克可食部分

## 火龙果

火龙果富含营养，对于降
"三高"、缓解贫血是不错的
选择，多吃火龙果可以降
脂、去火。

**热量
138 千焦**

100克可食部分

## 柚子

柚肉中含有非常丰富的维
生素 C 以及类胰岛素等成
分，故有降血糖、降血脂、
减肥、美肤养颜等功效。

## 胡萝卜

胡萝卜含有一种槲皮素，
常吃可增加冠状动脉血流
量，促进肾上腺素合成，
有降压、消炎的功效。

**热量
133 千焦**

100克可食部分

# 防治"三高"蔬果汁

## 清淡饮食

"三高"中，对人体威胁较大的是高血脂。高血脂大多是由于血管垃圾长期堆积不能及时清除导致的。"三高"人群偶尔吃了油腻的食物担心血脂升高，可以喝一杯降"三高"的蔬果汁，用以解腻。长期坚持下去，效果更好。

"三高"患者需要戒烟限酒。烟酒会使药物的疗效降低，影响药效，长期过量饮酒是致病因素之一。

## "三高"

现在生活质量越来越高，饮食条件也随之变好。但是如果不节制饮食，长期吃得太过油腻，营养过剩就容易导致"三高"。

### 诱发因素

"三高"包括高血压、高血脂和高血糖。"三高"的发病有一定的家族遗传因素，与患者不良的饮食和生活习惯也有密切的关系。

### 危害

高血脂会引发血管栓塞；高血压会引发脑出血和脑血管破裂；高血糖会引起糖尿病，进而引发多种并发症。

### 症状

高血压的典型症状是头痛、头晕、耳鸣等；高血糖表现为多饮、多食、多尿、消瘦；高血脂早期症状以头晕为主。

### 预防

预防"三高"，要限定钠盐、糖分的摄入；饮食要以清淡为主，应控制油腻、刺激食物数量；戒烟戒酒；加强锻炼，控制体重；注意休息，放松身心，保持愉快心情。

## 花样搭配蔬果汁

### 猕猴桃芦笋苹果汁

原料：猕猴桃 1 个，芦笋 4 根，苹果半个，柠檬 1/4 个，纯净水适量。

做法：①猕猴桃去皮，切成小块；芦笋洗净，切成小段；苹果洗净，去皮、去核，切成小块；柠檬洗净，切片。②将上述所有原料放入榨汁机中搅打成汁即可。

芦笋焯水可减轻苦味。

**还能这样配**

**芹菜 + 苹果**

二者所含热量均不高，搭配榨汁不但能增进食欲，还有助于控制血压和血糖。

**火龙果 + 西红柿**

火龙果具有高膳食纤维、低糖分、低热量的特性，和西红柿一起榨汁，对糖尿病、高血压、高血脂等有很好的辅助疗效。

## 石榴草莓奶

原料：石榴1个，草莓4个，牛奶200毫升。

做法：①石榴洗净，去皮后掰碎放入杯中，捣汁。②草莓洗净去蒂，切成小块。③将石榴汁、草莓块放入榨汁机，再放入牛奶，搅打成汁即可。

## 芹菜胡萝卜西柚汁

原料：芹菜1根，西柚半个，胡萝卜半根，纯净水适量。

做法：①芹菜洗净，留叶切段；胡萝卜洗净，切小块；西柚去皮，去子，切块。②将上述原料和纯净水一起放进榨汁机中榨汁即可。

## 西红柿苦瓜汁

原料：西红柿1个，苦瓜半根，纯净水适量。

做法：①西红柿去蒂，洗净；苦瓜洗净，去子。②将西红柿、苦瓜切成小块，放入榨汁机中加适量纯净水榨汁即可。

苦瓜的"降三高"功能强大。

果汁颜色好看，味道也不错。

芹菜功能多，榨汁喝对健康很有好处。

# 火龙果胡萝卜汁

火龙果富含膳食纤维，同时具有低糖分、低热量的特性，和胡萝卜一起榨汁，对"三高"疾病有很好的辅助疗效。

**适用人群**

• 大部分人群皆可饮用，尤其适合"三高"患者。

**不宜人群**

• 虚寒体质、易腹泻的人不适合吃火龙果，过敏体质的孕妇慎用。

## 做法

1 选新鲜饱满的火龙果洗净，对半切开，用水果挖球器将果肉挖出。

2 胡萝卜洗净，切成小块。

3 将火龙果肉、胡萝卜块和纯净水一起放入榨汁机搅打即可。

4 依据个人口味加入喜欢的调味品。

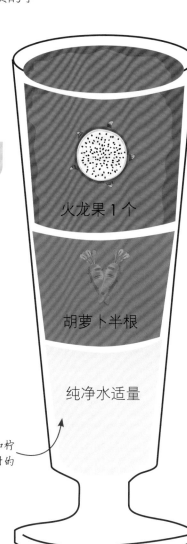

火龙果1个

胡萝卜半根

纯净水适量

喜欢酸的可加柠檬汁，喜欢甜的可加蜂蜜。

**热量
约 600 千焦**

**每天一杯**

火龙果营养全面，功能多，
每天可搭配不同水果
蔬菜榨汁。

### 还能这么配

#### 柚子 + 西红柿

西红柿和柚子都富含
维生素 C，二者一起榨
汁饮用，低糖、低热量，
是糖尿病患者的理想
饮品。

# 防治贫血

贫血的发病率极高，常见的是缺铁性贫血。人体缺铁，影响体内血红蛋白的合成，就会出现面色苍白、头晕、乏力、气促、心悸等贫血症状。适当吃些水果或喝蔬果汁，是预防贫血的好方法。

## 防治贫血
## 食材任意选

### 樱桃

樱桃可补充人体对铁元素的需求，促进血红蛋白再生，既可防治缺铁性贫血，又可增强体质。

热量
194 千焦

100克可食部分

热量
116 千焦

100克可食部分

### 菠菜

菠菜中含有丰富的维生素 C，可促进铁吸收，对缺铁性贫血有较好的辅助治疗作用。

### 红枣

红枣补血补气效果很好，常用于再生障碍性贫血等症的食疗。

热量
1155 千焦

100克可食部分

**热量
111 千焦**

100克可食部分

### 西蓝花

西蓝花是铁和叶酸很好的来源食物之一，因此对预防贫血的效果很不错。

**热量
185 千焦**

100克可食部分

### 葡萄

葡萄味道酸甜，有补气血、生津液的功效，同时富含铁元素，适合贫血、体弱患者食用。

### 草莓

草莓中含有的维生素 C 能促进非血红素铁的吸收，提高肠道对铁的吸收利用率，对贫血有一定的预防作用。

**热量
134 千焦**

100克可食部分

### 栗子

栗子主要用于养胃健脾、补肾强筋。在滋补方面，可补气养血，常食有利于预防贫血。

**热量
789 千焦**

100克可食部分

# 防治贫血蔬果汁

### 补充铁元素和维生素 C

很多蔬菜和水果都有预防贫血的功能，日常生活中不妨多吃些这类蔬果，也可以搭配做成蔬果汁补充身体所需营养物质。

> 贫血患者可以坚持食用红枣，因为红枣对促进血液循环有好处，但一次吃红枣不要太多，容易伤害肠胃。

## 贫血

贫血是指人体外周血红细胞容量减少，低于正常范围下限的一种常见的临床症状，临床上常以血红蛋白浓度来判定是否贫血。

### 诱发因素

除了由血液疾病和免疫性疾病引起的比较严重的贫血外，大多数贫血跟营养不良、缺乏铁元素有关。

### 症状

疲乏、困倦、软弱无力，这是贫血最早最轻微最常见的症状。严重的会出现头痛、头晕、耳鸣目眩等。

### 危害

轻度的贫血，乏力、心悸等症状不是太明显；中度以上的贫血，往往伴有头晕、心悸、记忆力下降、注意力不集中等症状；长期贫血不纠正，还有可能出现贫血性心脏病。

### 预防

注意营养均衡，不挑食，不偏食，不要为了减肥而节食导致贫血。平时注意锻炼身体，增强抵抗力，保证身体健康。

## 🍹 花样搭配蔬果汁

### 栗子红枣黑豆浆

原料：黑豆 50 克，栗子 3 枚，红枣 2 枚，纯净水适量。

做法：①将黑豆用清水浸泡 10~12 小时，泡至发软后，捞出洗净；栗子去皮，切碎；红枣洗净，去核。②将以上食材一同放入豆浆机中，加清水至上下水位线之间，启动豆浆机，待豆浆制作完成后过滤即可。

浸泡后的黑豆出汁率更高。

**还能**
**这样配**

**苹果 + 菠菜**

苹果含铁，菠菜富含铁、膳食纤维，二者一同榨汁饮用，不但能刺激胃肠蠕动，促进排便，而且能预防缺铁性贫血。

**樱桃 + 水蜜桃**

樱桃含铁量高，水蜜桃汁水充足，生津解渴。二者搭配榨汁有利于缺铁性贫血的改善，还能使肌肤红润、亮泽。

## 红枣枸杞子豆浆

原料：黄豆 45 克，红枣 2 枚，枸杞子 10 克，纯净水适量。

做法：①黄豆浸泡 10~12 小时后捞出洗净；红枣洗净，去核；枸杞子洗净。②将以上原料放入豆浆机中，加清水启动豆浆机，待豆浆制作完成，过滤即可。

## 香蕉葡萄汁

原料：香蕉 1 根，葡萄 10 粒，蜂蜜、纯净水各适量。

做法：①香蕉剥皮，切段；葡萄洗净，去子。②将香蕉段、葡萄和纯净水放入榨汁机搅打成汁，再调入蜂蜜即可。

## 樱桃汁

原料：樱桃 30 颗，蜂蜜、纯净水各适量。

做法：樱桃洗净，去核，和纯净水一同放进榨汁机搅打成汁，再调入蜂蜜即可。

枸杞子和红枣可补气血。

香蕉含多种微量元素和维生素。

小小的樱桃，大大的功效。

# 草莓梨柠檬汁

　　贫血的人一般都缺乏铁元素，血液里红细胞中的血红蛋白相对较少，维生素 $B_{12}$ 以及叶酸能够生成红细胞，而维生素 C 则能促进铁元素的吸收，所以贫血患者很适合饮用这款蔬果汁。

**适用人群**

- 大部分人都可饮用，尤其适合贫血患者。

**不宜人群**

- 肠胃不适时最好不要喝。

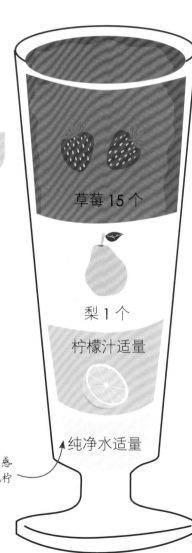

草莓 15 个

梨 1 个

柠檬汁适量

纯净水适量

## 做法

1 草莓用盐水浸泡一会儿，洗净，去蒂，切成小块。

2 梨洗净，去皮、去核，切成小块。

3 先在榨汁机中放入适量纯净水，再将草莓块和梨块放入榨成汁。

4 榨汁后加柠檬汁调味即可。

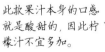

此款果汁本身的口感就是酸甜的，因此柠檬汁不宜多加。

**热量
约695千焦**

**注意清洗干净**

洗草莓时，先不要去蒂，
用盐水浸泡片刻再去
蒂清洗。

这款蔬果汁可以缓解肺
热咳嗽、食欲不振、烦闷
暑热等，养生效果好。

### 还能这样配

**葡萄 + 柠檬**

二者富含维生素 C，功
能与此款果汁很相近。

# 改善畏寒

有畏寒症状的人多为女性，因为女性的肌肉含量比男性少，皮肤表面的温度低，女性中患贫血和低血压的人也较多；女性月经期，腹部血流不畅，易出现畏寒情况。

## 改善畏寒
## 食材任意选

## 胡萝卜

胡萝卜除含有维生素、胡萝卜素之外，还含有钙、铁、磷等，能改善血液循环，缓解畏寒。

热量
133 千焦

100克可食部分

热量
157 千焦

100克可食部分

## 李子

李子含有钙、铁、钾等矿物质，维生素 C、B 族维生素也很丰富，可改善畏寒症状。

## 玉米

有畏寒症状的女性可多吃鲜玉米，不但有利于改善畏寒症状，还有利于排毒养颜。

热量
469 千焦

100克可食部分

**热量
1348 千焦**

100克可食部分

## 人参

人参可以大补元气，补脾
益肺，生津止渴，安神益智。

**热量
194 千焦**

100克可食部分

## 生姜

生姜是女性的好朋友，
可以改善女性经期畏寒腹
痛等症状。生姜还能够驱
寒，有效地改善血液
循环。

**热量
97 千焦**

100克可食部分

## 南瓜

南瓜富含胡萝卜素、维
生素 C、维生素 E 及矿物
质，可以改善畏寒症状，
还有美白润肤的功效。

## 榴莲

榴莲性热，因此可以活
血散寒，它还能改善腹部
寒凉，促进体温上升，是
寒性体质者的理想补
益佳品。

**热量
628 千焦**

100克可食部分

# 改善畏寒蔬果汁

## 吃温补的食物

如何缓解手脚冰凉、腰部酸痛等问题，是部分女性秋冬季节甩不掉的烦恼之一。尤其是在现代快节奏都市生活的女性，巨大的心理压力、脾胃虚弱、抵抗力差、经期等因素都会使她们失去抗寒的"主场优势"。这个时候，每天来一杯美味而暖身的蔬果汁，获得更多的关爱和营养，一起对抗寒邪侵袭吧！

> 体寒的人除了注意饮食外，平时要多运动，动起来，加速血液循环，自然就不冷了。

## 畏寒

畏寒在医学上被认为是特殊体质造成的，由于手、脚等末梢血管的血流不畅造成末梢神经排泄物无法及时排出，故而形成畏寒。

### 诱发因素

造成畏寒的原因较为复杂，一是内分泌失调，影响正常循环系统运转；二是贫血、营养不良，无法提供足够营养；三是身体虚弱，体质差畏寒怕冷。

### 症状

畏寒的症状中，手脚冰凉、体感温度低、怕冷是主要特征。在饮食和穿衣方面，不敢吃冷食、穿薄衣服。

### 危害

影响工作和正常生活；体质差，容易外感寒凉感冒生病。长期不改善会导致肠胃功能失常、呼吸系统频繁感染等。

### 预防

加强营养和增强锻炼。饮食方面多吃一些温热食物，增强身体御寒力，包括羊肉、牛肉等；适当吃应季蔬菜和水果。

## 🍸花样搭配蔬果汁

### 胡萝卜苹果生姜汁

**原料：** 胡萝卜半根，苹果1个，生姜1片，柠檬汁、红糖、纯净水各适量。

**做法：** ①胡萝卜、苹果均洗净，苹果去皮去核，分别切块。②将上述所有原料及适量纯净水放入榨汁机搅打成汁，调入柠檬汁、红糖即可。

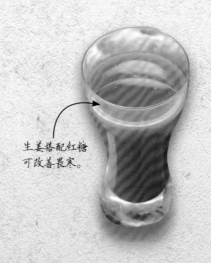

生姜搭配红糖可改善畏寒。

**还能这样配**

**生姜＋牛奶**

生姜性热，牛奶滋补，二者搭配可改善畏寒的症状。

**南瓜＋柚子**

南瓜味道温和，搭配柚子制作一杯热的蔬果汁能让身体温暖，还有排毒瘦身的功效。

## 李子优酪乳

原料：李子 2 个，香蕉半根，柠檬汁适量，优酪乳 200 毫升。

做法：①李子洗净，去核，切成块；香蕉去皮，切成小段。②将李子块、香蕉段放入榨汁机，再加入优酪乳，搅打成汁，调入柠檬汁即可。

## 玉米奶

原料：甜玉米粒适量，生姜 1 片，牛奶 150 毫升。

做法：甜玉米粒和生姜片、牛奶放入榨汁机搅打成汁即可。

## 南瓜奶

原料：南瓜 100 克，牛奶 150 毫升，芹菜 1 根，蜂蜜适量。

做法：①南瓜洗净，去皮，去子，切成小块，蒸熟；芹菜洗净，焯熟后切段。②将南瓜块、芹菜段放入榨汁机，再加入牛奶，搅打成汁，调入蜂蜜即可。

李子富含铁元素，可促进血液循环。

可作为早餐饮用，补充一天的热量。

性质温补，有助御寒。

# 人参紫米豆浆

紫米能为人体补充丰富营养，也能帮助人体吸收大量花青素和黄酮类化合物，延缓人体衰老，增强人体抗衰老能力；也可以改善人的虚寒体质，增强人体抗病、抗癌的能力。人参可以大补元气，补脾益肺，生津止渴，安神益智。二者搭配可改善畏寒症状。

**适用人群**

•  体质虚寒、畏寒怕冷的人适合饮用。

**不宜人群**

•  身体壮实、热性体质、阴虚火旺的人不适合吃人参。

## 做法

1  将黄豆用清水泡至发软，捞出洗净；紫米洗净，用清水浸泡 2 小时。

2  人参洗净，切薄片，用 3 碗清水煎煮至1 碗人参汁。

3  红小豆洗净，用清水浸泡 4~6 小时；人参煎汁备用。

4  将黄豆、红小豆、紫米一同放入豆浆机中，再倒入人参煎煮的汁液，加清水至上下水位线之间，启动豆浆机。

5  豆浆制作完成后过滤，待豆浆不烫后加蜂蜜调匀即可。

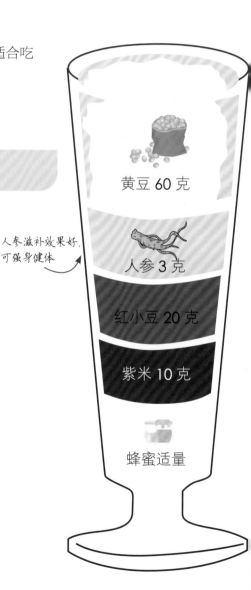

黄豆 60 克

人参滋补效果好，可强身健体

人参 3 克

红小豆 20 克

紫米 10 克

蜂蜜适量

**热量
约1217千焦**

**早起喝一杯**

畏寒的人每天早上喝一
杯,可以改善畏寒。

人参是大补的药品,所
以食用前要遵医嘱掌
握用量和频次。

## 还能这样配

**生姜＋枣＋橘子**

三者搭配做蔬果汁,营
养丰富,口感较好,有
暖宫散寒的功效。

# 调理月经

如何防治女性月经不调的症状呢？月经不调的女性在行经及经后，应多摄取一些含铁、镁、钙的食物，同时补充含维生素 D 和维生素 C 的食物。

## 调理月经
## 食材任意选

### 水蜜桃

含丰富铁质，能增加血红蛋白数量，还能养血美颜，增加皮肤弹性，使皮肤细嫩光滑。

**热量
212 千焦**

100克可食部分

**热量
57 千焦**

100克可食部分

### 油菜

油菜富含铁、钙质及维生素 C、叶绿素，是制作蔬果汁的好原料，且有行滞活血的功效。

### 荔枝

荔枝有生津养血、温中理气等功效，适合痛经、月经不调的女性补血调理。

**热量
296 千焦**

100克可食部分

**热量 194 千焦**
100克可食部分

## 生姜

生姜有活血化瘀的功效，可用于女性调理月经期腹痛、月经先期、行经不畅等症状。

**热量 425 千焦**
100克可食部分

## 山楂

山楂具有活血化瘀的作用，是血瘀型痛经患者的食疗佳品。

**热量 194 千焦**
100克可食部分

## 樱桃

樱桃富含铁质，有促进血液生成的功能，月经不调的女性食用适量的樱桃是有一定好处的。

## 红枣

女性如果因为压力过大而导致月经不调，吃红枣来补身体，能够在一定程度上缓解月经不调的症状。

**热量 1155 千焦**
100克可食部分

# 调理月经蔬果汁

## 补铁补血

月经不调和痛经是常见的妇科病症状之一，据统计，约有50%的生育期女性会遭受痛经的折磨。痛经分为原发性痛经和继发性痛经两种，其中原发性痛经者较多，而原发性痛经经过饮食调理，特别是长期饮用有防治痛经作用的蔬果汁，会有一定效果。

> 月经不调的女性需要缓解精神压力，可以参加体育运动，多吃一些有减压作用的食物，如香蕉、卷心菜等。

## 月经不调和痛经

月经不调包括月经周期紊乱和出血量的异常，一般伴随痛经症状。

### 诱发因素

可能是器质性病变或是功能失常引起。痛经与月经时子宫内膜前列腺素含量、白细胞介素含量的增高有关，精神因素也会诱发痛经。

### 症状

以月经周期不准和痛经为主要症状，行经第一天痛感强烈，并会在持续两三天后痛感消失；可伴有恶心、呕吐、腹泻、头晕、乏力等症状，严重时面色发白、出冷汗。

### 危害

痛经症状严重的还会影响生活和工作，月经不调严重可引起不育不孕。

### 调理

经期要保证不受凉，禁食冷饮及寒凉食物，避免受寒；要保持心情舒畅；保持阴道清洁和经期卫生，建议多喝热牛奶和自制功效蔬果汁。

## 花样搭配蔬果汁

### 荔枝紫米黑豆浆

**原料：** 黑豆40克，紫米20克，荔枝4个，纯净水、红糖各适量。

**做法：** ①将黑豆用清水浸泡10~12小时，泡至发软后，捞出洗净；紫米淘洗干净，浸泡3小时；荔枝去皮、去核，取果肉。②将上述原料一同放入豆浆机中，加纯净水至上下水位线之间，启动豆浆机。③待豆浆制作完成后过滤，待凉至温热后加红糖调匀即可。

可以调理月经、缓解痛经。

## 还能 这样配

**生姜 + 橘子**

二者搭配榨汁有暖宫散寒的效果，对于小腹疼痛发冷、寒性痛经有食疗作用。

**菠萝 + 黄豆**

菠萝能缓解月经前的焦躁不安、头疼及胸部肿胀等症状，搭配黄豆制作热饮豆浆，非常适合经期饮用。

## 生姜苹果茶

原料：生姜汁1汤匙，苹果1/4个，红茶包1个，开水1杯。

做法：①将红茶用开水泡一会儿，取出茶包丢弃；苹果洗净，去皮，去核，切成小块。②将红茶水、生姜汁、苹果块一同放入榨汁机搅打成汁即可。

## 樱桃蜜桃汁

原料：樱桃10颗，水蜜桃1个，柠檬汁、纯净水各适量。

做法：①樱桃、水蜜桃分别洗净，水蜜桃去核，切成小块；樱桃去核、去柄。②将上述所有原料放入榨汁机中，加纯净水榨汁即可。

## 草莓山楂汁

原料：草莓8个，山楂6个，纯净水半杯。

做法：①草莓去蒂，洗净，切成块；山楂洗净，去子，切成块。②将草莓块、山楂块放入榨汁机，加纯净水搅打成汁即可。

生姜对缓解痛经很有效。

富含丰富的铁质，具有补血功能。

觉得太酸，可加红糖调味。

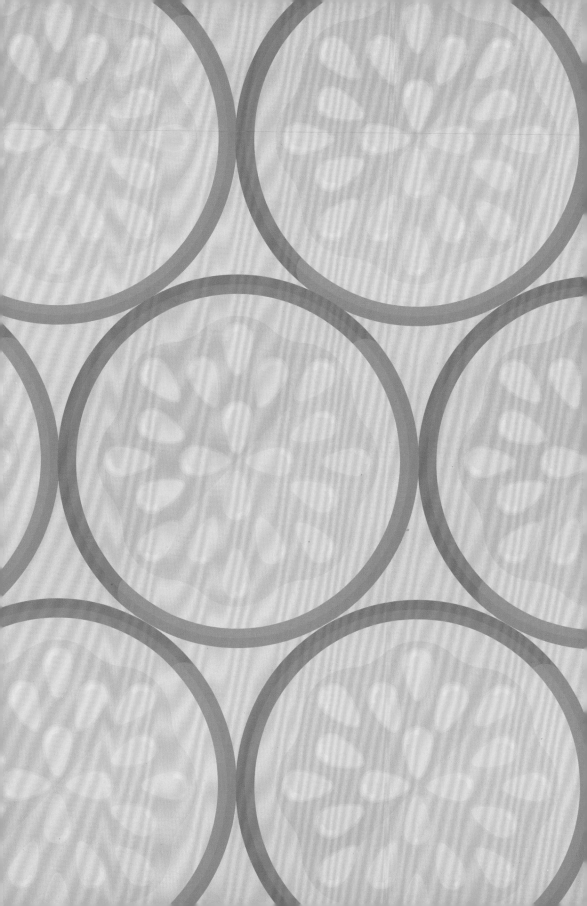

# 第四章

## 美容养气色蔬果汁

面色红润、秀发黑亮是万千女性永不停止的追求和探索，而有些美味蔬果汁不仅可以提供我们日常生活必需的维生素、矿物质等，还可以滋养肌肤、美容养颜、乌发养发。在调制蔬果汁的快乐中体验肌肤更加靓丽、秀发愈加黑亮的变化，感受自己的肤色、气质升级的惊喜，做一个享用健康美味蔬果汁、享受优质生活的美人吧！

# 乌发养发

　　无论何时，拥有一头乌黑亮丽浓密的头发都能为外貌加分。头发需要我们不断为它提供养分才能更健康，这节就给大家推荐几款可以为头发提供营养的蔬果以及蔬果汁。一起来了解下吧！

## 乌发养发
## 食材任意选

### 鳄梨

成熟的鳄梨中含有30%的珍贵植物油脂——油酸，它对于恢复干枯头发的亮泽有特殊功效。

热量
**716 千焦**

100克可食部分

热量
**212 千焦**

100克可食部分

### 水蜜桃

含丰富铁质，可滋润皮肤，对头发也有滋养功效。

### 黑米

黑米是滋补强身、抗衰美容的滋补佳品，常食能乌发、润肤、美容。

热量
**1427 千焦**

100克可食部分

**热量
2704 千焦**

100克可食部分

## 核桃

核桃有健胃、补血、润肺、养神的功效，有益于头发生长。

**热量
2340 千焦**

100克可食部分

## 黑芝麻

黑芝麻中的维生素 E 对头发起滋润作用，防治头发毛燥和干枯。

## 黑豆

**热量
1678 千焦**

100克可食部分

黑豆中维生素 E 和 B 族维生素含量高，对乌发润肤有很好的功效。

## 桑葚

桑葚有改善皮肤（包括头皮）血液供应、延缓衰老等功效，是健体美颜、抗衰老的佳果。

**热量
1245 千焦**

100克可食部分

# 乌发养发蔬果汁

## 补充维生素E

年岁渐长，乌黑的头发中不断出现银丝，发质也不如之前亮泽……此时不要过分忧心，也不要过早放弃。加强食疗，多吃对头发有益的蔬菜水果可以延缓头发变白的进程。一起来看一下哪些食材对保持头发黑亮有帮助吧！

> 鳄梨单独食用，可能有些人接受不了它的味道，搭配其他蔬果榨汁是不错的选择。

## 鳄梨

鳄梨也叫牛油果，外观碧绿，果皮凹凸不平，它含有丰富的营养成分，其所含的油脂多为人体自身无法合成的不饱和脂肪酸，对头发和身体很有好处。

### 美容护发

鳄梨中丰富的维生素和植物油脂，对皮肤非常好，有保湿、去角质、防晒等功效，高级化妆品和护发产品中，多数有鳄梨的成分。

### 保护眼睛

鳄梨中富含维生素A、维生素E等营养成分，这对眼睛很有益，经常使用电脑的人可以多吃鳄梨。

### 降低胆固醇

鳄梨中含有一种不饱和脂肪酸，可代替膳食中的饱和脂肪，故有降低胆固醇的功效。

### 保护消化系统

鳄梨中的膳食纤维含量高，可以起到促进胃肠蠕动的效果，还可以清除体内的毒素，保护人体的消化系统，以维持正常运行。

## 🍹花样搭配蔬果汁

### 鳄梨芒果香蕉汁

原料：鳄梨半个，芒果1个，香蕉半根，纯净水适量。

做法：①将鳄梨和芒果去皮、去核，切块；香蕉去皮，取果肉切小块。②将上述原料和纯净水一同放入榨汁机搅打成汁即可。

芒果味道香甜可中和鳄梨的味道。

## 还能这样配

**鳄梨 + 猕猴桃**

鳄梨所含的油酸,有助于恢复干枯头发的亮泽;猕猴桃富含维生素 E,搭配榨汁饮用,对头发健康生长很有助益。

**鳄梨 + 葡萄**

鳄梨和葡萄营养丰富,对头发有滋养效果,但二者热量稍高,可适量酌情饮用。

### 鳄梨苹果胡萝卜汁

原料:鳄梨 1 个,胡萝卜半根,苹果 1 个,纯净水适量。

做法:①鳄梨洗净,去皮、去核,切成小块;苹果洗净,去核,切块,胡萝卜洗净,切成小块。②将上述所有原料和纯净水放入榨汁机中搅打成汁即可。

### 鳄梨奶

原料:鳄梨 1 个,牛奶 200 毫升,蜂蜜适量。

做法:①鳄梨切半,用勺挖出果肉。②将鳄梨、牛奶放入榨汁机搅打成汁,调入蜂蜜即可。

### 鳄梨苹果汁

原料:鳄梨 1 个,苹果半个,蜂蜜、柠檬汁、纯净水各适量。

做法:①鳄梨切开去核,用勺挖出果肉;苹果去皮、去核,切成丁。②将鳄梨和苹果丁放入榨汁机加纯净水搅打成汁,调入蜂蜜、柠檬汁即可。

食材多样,营养丰富。

美白肌肤,提亮肤色。

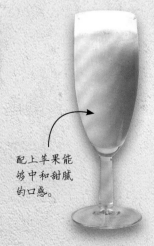

配上苹果能够中和甜腻的口感。

黑米具有滋阴补肾的功效，如果是由肾虚引起的脱发，可以吃黑米这种天然补肾的食材进行食疗。因此，想要头发更加光亮健康，做蔬果汁的时候加上点黑米，会有很好的效果。

### 抗衰老

黑米外皮层中含有花青素类色素，具有很强的抗衰老作用。此外，黑米中的色素还富含黄酮活性物质，大概是白米的 5 倍，对预防动脉硬化有一定的作用。

### 强身健体

黑米具有强身健体的作用，适合慢性病患者、康复期患者以及儿童食用，有很好的滋补作用，还有利于儿童骨骼和大脑的发育，促进产妇、病后体弱者的康复。

### 延缓衰老

黑米中富含铁元素，对缓解和改善贫血有一定的效果，还具有滋阴补肾、健脾暖肝、明目活血的功效。

### 延年益寿

黑米能明显提高人体血红蛋白的含量，有利于心血管系统的保健。经常食用黑米可保持头发黑亮，皮肤润泽，还可延缓衰老。

黑米营养丰富，平时煮粥或者做米饭时可放一些黑米，丰富食物营养和风味。

## 🍹 花样搭配蔬果汁

### 黑米花生豆浆

原料：黄豆 50 克，黑米 20 克，花生仁 15 克。

做法：①将黄豆用清水浸泡 10~12 小时，捞出洗净；黑米淘洗干净，用清水浸泡 2 小时；花生仁洗净。②将上述食材一同放入豆浆机中，加清水至上下水位线之间，启动豆浆机。③待豆浆制作完成，过滤即可。

含丰富的维生素 E，对头发和皮肤很有好处。

**还能这样配**

**黑米 + 黑芝麻**

黑米和黑芝麻都是对头发生长有益的食物，二者搭配食用效果更好。

**黑米 + 核桃**

核桃可以防治脱发，同时，多吃核桃还能促进头发的再生，让头发更加浓密，所以可以搭配黑米榨汁饮用。

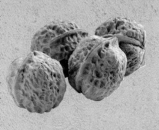

## 黑米桃子豆浆

原料：黄豆 40 克，桃子 1 个，黑豆、黑米各 15 克，纯净水适量。

做法：①将黄豆、黑豆、黑米用清水浸泡，捞出洗净；桃子洗净，去核，切成碎块。②将上述所有原料放入豆浆机中，加纯净水至上下水位线之间，启动豆浆机，待豆浆制作完成后过滤即可。

## 红小豆栗子黑米糊

原料：黑米 50 克，红小豆 30 克，栗子 25 克，纯净水适量。

做法：①将红小豆和黑米浸泡后淘洗干净；栗子去壳洗净。②将上述所有原料一起放入豆浆机，加纯净水至上下水位线之间，按"米糊"键，煮熟后倒出饮用即可。

## 桃仁黑米糊

原料：黑米 70 克，桃仁 15 克，纯净水、冰糖各适量。

做法：①将黑米和桃仁洗干净后略泡一下。②将上述所有原料一起放入豆浆机，加纯净水至上下水位线之间，按"米糊"键。③煮熟后倒出即可，食用时可以用冰糖调味。

跟搭配水果，营养更丰富。

可作为早餐食用，方便又不失营养。

桃仁有活血的作用。

# 松子枸杞子黑米汁

松子含多种不饱和脂肪酸，这些营养成分有助于抗衰老、增强体力、消除疲劳、增强记忆力；枸杞子自古就是补虚益精的佳品，具有很强的抗衰老功效。二者搭配对防治头发过早变白有一定功效，还能使头发乌黑光亮。

**适用人群**

* 一般人群皆可饮用，尤其适合有乌发养发需求的人。

**不宜人群**

* 肠胃不好的人要少量饮用。

## 做法

1 黑米洗净，浸泡 4 小时。

2 松子仁、枸杞子泡洗干净。

3 将黑米、枸杞子、松子仁一起放入豆浆机中混合均匀。

4 加纯净水至上下水位线之间，按"五谷"键。

5 加工好后倒出，加入冰糖即可。

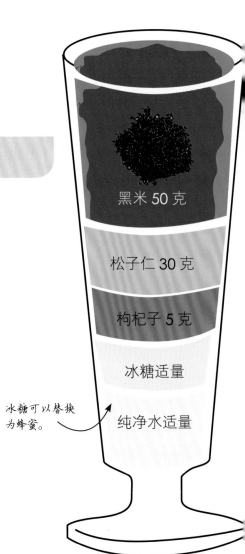

黑米 50 克

松子仁 30 克

枸杞子 5 克

冰糖适量

冰糖可以替换为蜂蜜。

纯净水适量

热量
约1615千焦
合理搭配热量摄入
这款饮品热量稍高，注意
控制饮食总热量摄入。

## 还能这样配

**黑米+黑豆**

黑米和黑豆都是黑色
食物，对乌发美发有
很好的效果。

## 桑葚

桑葚的营养比较丰富，含有丰富的活性蛋白、维生素 C、氨基酸、矿物质、花青素等。桑葚有健脾、助消化、乌发美容、预防血管硬化、防癌抗癌、清火明目、抗衰老等多种功效。

### 增强免疫力

桑葚含有糖类、多种维生素、胡萝卜素、人体必需微量元素等营养成分，能为人体补充营养并促进造血功能，增强机体免疫力。

### 养肾乌发

桑葚滋阴补血，益肾脏而固精，久服黑发明目。黑色的桑葚还含有"天然乌发素"，能使头发乌黑亮丽。

### 护眼明目

桑葚具有很好的明目效果，经常用眼出现疲劳时，可以多吃一些桑葚，缓解眼睛干涩，帮助消除眼疲劳症状。

### 软化血管

桑葚含亚油酸、硬脂酸、油酸，可抑制脂肪合成，分解脂肪，降低血脂，阻止脂质在血管内沉积，防止血管硬化，并对贫血、血管硬化、高血压、高血脂等病症具有辅助治疗功效。

桑葚储存有一定难度，通常处理为干品。夏天的桑葚味道比较酸甜，可在其大量上市的季节多吃一些。

## 🍹 花样搭配蔬果汁

### 桑葚黑芝麻米糊

原料：桑葚 60 克，粳米 40 克，黑芝麻 15 克，纯净水、白糖各适量。

做法：①将粳米用水浸泡 2 小时；桑葚洗干净，去蒂；黑芝麻用平底锅炒熟。②将粳米、桑葚、黑芝麻放入豆浆机中，加纯净水至上下水位线之间，按"米糊"键，启动豆浆机。③待米糊制作完成，过滤后加入白糖拌匀即可。

黑芝麻可多炒制一些备用。

**还能这样配**

**桑葚 + 糙米**

桑葚营养丰富，可以提供头发生长所需的营养；糙米中含有大量的锌，与桑葚同用可以滋养头皮，有利头发健康。

**桑葚 + 何首乌**

桑葚配何首乌同食，其营养更丰富，对肝、肾两虚所致的头发早白有一定疗效。

## 桑葚猕猴桃奶

原料：桑葚 80 克，猕猴桃 1 个，牛奶 150 毫升。

做法：①桑葚洗净；猕猴桃洗净，去皮，切块。②将桑葚、猕猴桃块放入榨汁机，加入牛奶搅打成汁即可。

## 桑葚小米汁

原料：桑葚 60 克，小米 50 克，纯净水适量。

做法：①小米洗净，浸泡 2 小时；桑葚洗净，去蒂。②将小米、桑葚放入豆浆机中，加纯净水至上下水位线之间，按"五谷"键，煮熟即可。

## 桑葚奶

原料：桑葚 80 克，牛奶 200 毫升。

做法：桑葚洗净，和牛奶一起倒入榨汁机搅打成汁即可。

如果对猕猴桃过敏可替换为其他水果。

操作简单方便，可经常饮用。

可以在饮用前过滤一下，口感更细腻。

# 美白亮肤

想要肌肤光彩透亮，是否想过利用新鲜的蔬果来清除肌肤上的小斑点，让你的肌肤更加美白透亮？每天一杯蔬果汁就能帮助你改善皮肤状况，一定要试试！

## 美白亮肤
## 食材任意选

### 芒果

芒果可益胃止呕、排毒养颜，还能淡化斑点，防止肌肤老化。

热量
146 千焦

100克可食部分

热量
143 千焦

100克可食部分

### 哈密瓜

哈密瓜中的抗氧化剂可减少皮肤黑色素的形成，有助于防晒。

### 胡萝卜

消除色素沉着，减少脸部皱纹，还具有保护眼睛、明目的作用。

热量
133 千焦

100克可食部分

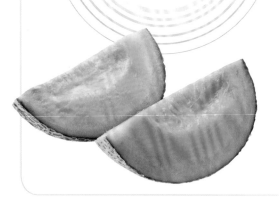

**热量 97 千焦**
100克可食部分

## 南瓜

南瓜含有的类胡萝卜素有增强视力、防治感冒、改善肤质的功效。

**热量 185 千焦**
100克可食部分

## 葡萄

葡萄富含多种对人体有益的活性物质，具有补气血、强筋骨、利尿、美白亮肤的功效。

**热量 128 千焦**
100克可食部分

## 荠菜

荠菜清香鲜美，具有和脾、清热、利水、消肿、明目、美白等功效。

## 洋葱

洋葱营养丰富，可使皮肤光洁、红润而富有弹性，有美容作用，还能预防老年斑。

**热量 169 千焦**
100克可食部分

# 美白亮肤蔬果汁

*补充维生素 C*

使用电子产品，辐射会对人们皮肤造成伤害，而最主要的伤害就是导致黑色素增加，使皮肤变差；紫外线的照射也会令黑色素沉积在表皮层中，使皮肤出现雀斑和肤色不匀等问题。蔬果物美价廉，有很多种蔬果都具有美白功效，将这些蔬果榨成汁服用，美白亮肤效果会更好！

> 食用芒果要适量。吃多会导致嗓咙出现异常、加重皮肤病，适量食用、合理搭配更有益健康。

## 芒果

芒果被称为"热带水果之王"，营养价值高，富含蛋白质、糖分、胡萝卜素等人体必需的营养元素，其性偏温，有益胃、止呕、解渴、利尿、美白亮肤等功效。

### 美白肌肤

芒果中维生素含量远超其他水果，而维生素可以起到滋润肌肤的作用。

### 抗癌降压

芒果富含维生素 C 和其他矿物质，不仅可以起到防癌、抗癌的作用，还有防治动脉硬化及降压降脂的功效，是适合高血压患者的食疗水果。

### 防治便秘

芒果果肉中含有大量的膳食纤维，多吃芒果可以通便、预防便秘，对便秘患者极有益处。

### 清肠止吐

芒果可以清理肠胃和止吐，对于晕车、晕船有一定的止吐作用，而且对于抑制孕吐也有效。

## 🍸 花样搭配蔬果汁

### 芒果胡萝卜橙汁

原料：胡萝卜 1 根，芒果、橙子各 1 个，纯净水适量。

做法：①苹果、芒果洗净，去皮、去核；橙子去皮、去子。②均切成 2 厘米见方的小块，放入榨汁机。③加纯净水榨成汁，倒出即可。

漂亮的橙色，一看就很有食欲。

**芒果+西红柿**

芒果和西红柿均富含维生素A、维生素C等营养成分，有美白、祛斑的功效，搭配制作蔬果汁可保护视力，缓解视觉疲劳。

**芒果+菠萝**

二者搭配榨汁，味道清冽酸甜，果香浓郁，富含维生素、矿物质和膳食纤维，有助于美白肌肤。

## 芒果柠檬橙汁

原料：芒果1个，橙子半个，柠檬40克，蜂蜜、纯净水各适量。

做法：①柠檬、橙子、芒果分别去皮、去子，切块。②将上述原料及适量纯净水全部倒入榨汁机中，榨成汁后倒入杯中，调入蜂蜜即可。

## 芒果薄荷粳米汁

原料：粳米50克，芒果1个，薄荷20克，纯净水适量。

做法：①粳米洗净，浸泡；芒果洗净取果肉，切块；薄荷洗净，切碎，用水煎取汁液。②将粳米、芒果放入榨汁机中，加入薄荷汁水，再加纯净水榨汁，盛出，点缀薄荷叶即可。

## 芒果椰子香蕉汁

原料：芒果1个，椰子1个，香蕉1根，牛奶适量。

做法：①椰子切开，将汁水倒入榨汁机；芒果去皮、去核，切块；香蕉去皮，切成小块。②将芒果、香蕉放入榨汁机，可依个人喜好，加入适量牛奶一起搅打成汁即可。

橙子和柠檬都是酸的，可加蜂蜜调节。

薄荷增添了清凉的感觉。

椰汁加牛奶赋予果汁浓郁芳香。

# 芒果猕猴桃芹菜汁

芒果营养丰富，有养胃、止呕、解渴、利尿、美肤的食疗功效；猕猴桃富含维生素 C，有抗衰老的作用；芹菜富含矿物质、维生素和膳食纤维，能增进食欲、降低血压等，还可改善肤色，使头发黑亮。

**适用人群**

- 高血压、高血脂、便秘、肤色暗黄、头发干枯、小腿水肿等可以作为食疗配方配合饮用。

**不宜人群**

- 口腔、皮肤等易过敏体质不宜饮用，芒果中糖分高，糖尿病患者也不宜食用。

## 做法

1 芒果洗净，去皮、去核，切成 2 厘米见方的小块。

2 猕猴桃洗净，去皮，切成与芒果大小相近的块。

3 芹菜洗净，叶和茎一同切碎。

4 将芒果块、猕猴桃块、芹菜碎加适量纯净水榨成汁即可。

5 可依个人口味，选择加柠檬汁或蜂蜜调味。

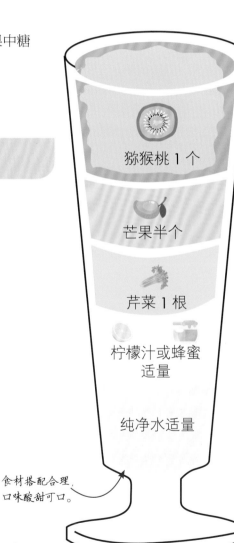

猕猴桃 1 个

芒果半个

芹菜 1 根

柠檬汁或蜂蜜适量

纯净水适量

食材搭配合理，口味酸甜可口。

**热量**
**约 448 千焦**

一次不要榨太多

严格按照配料表操作，尽量短时间喝完，不宜存放。

### 还可以这样配

**芒果 + 芦荟**

排毒又能加快新陈代谢，促进细胞更新，让人神清气爽、健康有活力。

# 哈密瓜

哈密瓜是夏令消暑瓜果，果肉生食味道香甜，具备清热解暑、美白亮肤、止渴除烦、通便利尿、增强抵抗力的作用。其果肉常被制成罐头、果汁等。

## 美白防晒

哈密瓜中丰富的抗氧化剂是天然的防晒护肤品，能够有效增强皮肤细胞抗氧化、防晒的能力，有效降低皮肤黑色素的形成。哈密瓜中的水溶性维生素 C 和 B 族维生素，可以促进肌肤新陈代谢，促进胶原蛋白形成，让皮肤充满弹性，而且还能减缓雀斑、细纹、皱纹的产生。

## 护心降压

哈密瓜中含有大量的钾，而钾元素作为人体必需的营养素，可以保持正常的心率和血压，对冠心病有不错的预防效果。

## 舒缓身心

哈密瓜所含的钾离子不仅可以护心降压，还可以增加脑部血液供给，舒缓神经紧张，让人们放松身心，调控焦虑情绪。

## 保护眼睛

哈密瓜富含胡萝卜素，可以保护视力，降低患白内障的风险。哈密瓜还有预防眼睛发生老年性黄斑变性的功效，是常见而且有效的护眼瓜果。

患有糖尿病、脚气、黄疸、便秘、寒性咳喘以及产后、病后的人不宜多食哈密瓜，消化功能不好的孩子也不宜多吃哈密瓜。

# 🍷 花样搭配蔬果汁

## 哈密瓜芦荟橘子汁

原料：哈密瓜半个，橘子 1 个，芦荟 5 克，蜂蜜、纯净水各适量。

做法：①芦荟洗净，去皮，切成小块；哈密瓜洗净，去皮，去瓤，切成小块；橘子去皮、去子。②将以上原料一起加入榨汁机中，加纯净水榨好汁后加入蜂蜜调味即可。

酸甜可口，适合夏日饮用。

## 还能这样配

**哈密瓜 + 香蕉**

哈密瓜味道甜美多汁，还有抗氧化的功效，可以减少黑色素在皮肤表面的沉着，搭配香蕉榨汁还能为人体补充钾元素。

**哈密瓜 + 西瓜**

二者都是夏季必不可少的水果，搭配榨汁清凉可口，还有解暑降温、生津止渴、美白肌肤的作用。

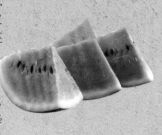

## 哈密瓜草莓奶

原料：哈密瓜 1/4 个，草莓 5 个，牛奶 200 毫升。

做法：①哈密瓜去皮、去瓤，切成小块。②草莓洗净，去蒂，切成小块。③将哈密瓜块、草莓块放入榨汁机，加入牛奶搅打即可。

## 哈密瓜黄瓜荸荠汁

原料：哈密瓜 1/4 个，黄瓜 1 根，荸荠 3 个，纯净水适量。

做法：①哈密瓜去皮、去瓤，切块；黄瓜洗净，切块；荸荠洗净，去皮。②将上述所有原料及适量纯净水放入榨汁机搅打成汁即可。

## 哈密瓜木瓜奶

原料：木瓜半个，哈密瓜 1/4 个，牛奶 100 毫升。

做法：①木瓜、哈密瓜分别洗净，取果肉，切成小块。②将木瓜、哈密瓜、牛奶放入榨汁机搅打成汁即可。

营养丰富，美白防晒。

口感清爽，有助减肥。

香浓可口，美白功效好。

# 胡萝卜

胡萝卜是常见的蔬菜，但营养价值颇高且吃法多样，可烹调多种菜肴。更重要的是，胡萝卜中含有的胡萝卜素是维生素A的主要来源，可以促进人体生长、防止细菌感染等，具有美白肌肤、提高机体免疫力、缓解眼部疲劳的重要作用。

### 提高免疫力

胡萝卜中含有丰富的胡萝卜素，能够促进人体免疫功能的提升。

### 益肝明目

胡萝卜中的胡萝卜素是维生素A的重要来源，而维生素A具有补肝明目的作用。多吃胡萝卜可以促进眼内感光色素的制造，预防夜盲症，降低眼干、眼睛疲劳等症状。

### 通便顺肠

胡萝卜含有膳食纤维，吸水性强，在肠道中体积容易膨胀，是肠道中的"充盈物质"，可加强肠道的蠕动，从而通便防癌。

### 嫩肤美白

胡萝卜中的胡萝卜素能够清除体内多余的自由基，延缓衰老。胡萝卜中的维生素还可以刺激皮肤的新陈代谢，促进人体的血液循环，进而使得皮肤更新加快，保持细嫩光滑。

胡萝卜素能抑制人体内的过氧化反应，可以成为人体内的"清道夫"，清除体内多余的自由基；还可以缓解视疲劳，让眼睛更健康、明亮。

## 花样搭配蔬果汁

### 胡萝卜西红柿汁

原料：西红柿1个，胡萝卜2根，蜂蜜、纯净水各适量。

做法：① 西红柿洗净，切成小块备用。②胡萝卜洗净去皮，切块备用。③将西红柿块和胡萝卜块及适量纯净水都放入榨汁机中。④蔬果汁榨成后倒入杯中并加入适量蜂蜜即可。

坚持长期食用，有祛斑、美白的功效。

还能这样配

**胡萝卜 + 菠菜**

菠菜、胡萝卜富含 B 族维生素和胡萝卜素，可强化身体抵抗力，有效改善皮肤状态。

**胡萝卜 + 石榴**

石榴汁有美白皮肤的作用，胡萝卜富含维生素 E，可加速皮肤的新陈代谢，搭配榨汁对皮肤很有好处。

第四章　美容养气色蔬果汁

### 胡萝卜菠萝汁

原料：菠萝 1/4 块，胡萝卜半根，纯净水适量。

做法：①菠萝去皮，切成小块，用淡盐水浸泡 10 分钟，取出冲洗干净，胡萝卜切小块，和菠萝块一起放入榨汁机。②加入适量纯净水榨汁即可。

### 胡萝卜梨汁

原料：胡萝卜 2 根，梨 1 个，纯净水、柠檬汁各适量。

做法：①胡萝卜、梨均洗净去皮，切小块，与纯净水一同放入榨汁机榨出汁液。②加入柠檬汁搅拌即可。

### 胡萝卜苹果橙汁

原料：胡萝卜 1 根，苹果半个，橙子 1 个，纯净水适量。

做法：①胡萝卜、苹果、橙子分别洗净去皮，苹果去核，橙子去子，均切成 2 厘米见方的小块，放入榨汁机。②加适量纯净水榨汁即可。

用盐水泡菠萝减少过敏反应。

口感温和营养全面。

食材常见，可随意搭配。

# 葡萄

葡萄味道美妙，而且营养价值很高。适量吃葡萄，可以健脾养胃，还能降低心血管疾病的发病风险，并且可以强筋健骨、润肤美白、止咳除烦、补益气血；葡萄子可以制作油料，果肉可以制作葡萄干、葡萄酒等。

### 延缓衰老

葡萄富含强力抗氧化剂花青素和类黄酮，这些抗氧化剂是人体保持活力和预防衰老的重要力量，可以有效地对抗人体内的自由基，预防衰老，保持青春活力。

### 美容养颜

对于很多女性来说，葡萄是美味好吃的天然"护肤品"，适量吃葡萄，可以有效地保护胶原蛋白，改善皮肤弹性与光泽，起到美白、保湿、祛斑作用，还有助于减少皱纹，保持皮肤的柔润光滑。

### 缓解疲劳

葡萄中富含的钾、镁、钙等矿物质可以有效缓解疲劳、舒缓神经紧张，对过度疲劳、神经衰弱的人来说很有帮助。

### 预防血栓

红葡萄含有特殊的酶，可以减少血液中的胆固醇堆积，有利于保护心脏、软化血管、活血化瘀，可有效预防血栓、心脑血管疾病的发生。

> 葡萄榨汁时可不去掉皮和子，它们也含有丰富的营养物质，但要清洗干净。可用盐水浸泡一下，这样可以洗得更干净。

## 花样搭配蔬果汁

### 葡萄香蕉苹果汁

**原料：**香蕉 2 根，苹果 1 个，葡萄 15 粒，纯净水适量。

**做法：**①葡萄、苹果分别洗净，去皮、去核。②香蕉去皮，将香蕉、苹果切成 2 厘米见方的小块。③将上述原料放入榨汁机中，加入纯净水后榨汁即可。

葡萄去皮榨汁，果汁颜色清澈。

**还能这样配**

**葡萄 + 荸荠**

葡萄搭配荸荠制作的蔬果汁味道清爽，还有美白肌肤、排毒养颜的辅助功效。

**葡萄 + 猕猴桃**

猕猴桃和葡萄富含人体所需的多种营养元素，可以补充身体的能量。

## 葡萄柠檬汁

原料：葡萄 20 粒，柠檬汁、蜂蜜、纯净水各适量。

做法：①将葡萄洗净，去子，放入榨汁机。②倒入纯净水、柠檬汁、蜂蜜搅打成汁即可。

## 葡萄芹菜杨桃汁

原料：芹菜 3 根，杨桃 1 个，葡萄 10 粒，纯净水适量。

做法：①芹菜洗净，焯熟后切成小段。②杨桃洗净，切成小块。③葡萄洗净，去皮、去子。④将上述原料和纯净水放入榨汁机搅打成汁即可。

## 葡萄酸奶汁

原料：葡萄 15~20 粒，酸奶 150毫升，柠檬汁、蜂蜜各适量，纯净水适量。

做法：①葡萄洗净，去皮去子。②将葡萄和酸奶、柠檬汁、纯净水一起放入榨汁机搅打成汁，再调入蜂蜜即可。

红葡萄带皮榨汁，颜色也是红的。

可加蜂蜜丰富口感。

榨汁后及时饮用，否则氧化影响口感。

# 青葡萄苹果菠萝汁

青葡萄的果肉比较脆，酸味明显，但它的营养价值很高，对身体有多种好处，可以抗衰老也能预防癌症。搭配苹果和菠萝这两种食材一起榨汁，可以改善肌肤，补充维生素，能有助于皮肤的毒素排出，改善新陈代谢。

**适用人群**

- 一般人群皆可饮用，尤其适合有美白皮肤需求的女性。

**不宜人群**

- 风寒咳嗽、多痰以及糖尿病患者忌食。

## 做法

1 将青葡萄用盐水浸泡一下，然后洗净，去皮、去子。

2 将香菜洗净，去掉根，切成小段。

3 菠萝去皮，用盐水浸泡 10 分钟，切成小块。

4 苹果洗净，去皮、去核，切块。

5 将青葡萄、香菜段、菠萝块、苹果块放入榨汁机搅打成汁即可。

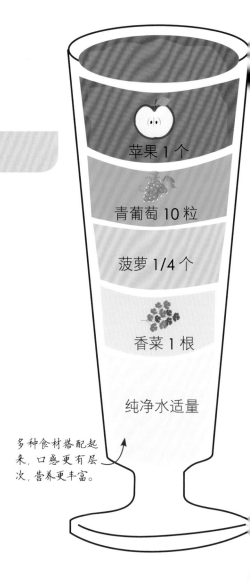

苹果 1 个

青葡萄 10 粒

菠萝 1/4 个

香菜 1 根

纯净水适量

多种食材搭配起来，口感更有层次，营养更丰富。

热量
约 594 千焦

创意搭配
制作蔬果汁时，可以发挥自己的创造力搭配蔬果。

富含维生素C，保持皮肤美白，还能抗氧化，减缓衰老。

**还能这样配**

**葡萄 + 石榴**
石榴汁含有多种氨基酸和微量元素，二者搭配能够起到美白肌肤的作用。

# 除皱祛斑

皮肤缺少水分,弹性下降,都是皮肤衰老的表现。女性内分泌失调,精神压力大,体内缺少维生素,长期过度的紫外线照射,都有可能引起长斑。蔬果中富含多种维生素、有机酸、胡萝卜素等,把蔬果榨汁饮用,更利于人体吸收,来试试吧!

## 除皱祛斑
## 食材任意选

### 紫甘蓝

紫甘蓝中的抗氧化成分能够保护身体免受自由基的损伤,从而有利于受损肌肤的恢复。

热量
106 千焦
100克可食部分

热量
108 千焦
100克可食部分

### 西瓜

新鲜的西瓜汁和鲜嫩的瓜皮可增加皮肤弹性,减少皱纹,增加光泽。

### 水蜜桃

水蜜桃中含有天然的收敛成分,可以增加肌肤的弹性,防止皱纹的产生。

热量
212 千焦
100克可食部分

**热量 1373 千焦**

100克可食部分

## 绿茶

绿茶中含抗氧化剂，能帮助排出体内对皮肤有害的物质，起到延缓皮肤衰老的作用。

**热量 222 千焦**

100克可食部分

## 番石榴

番石榴能有效抵抗紫外线对皮肤的侵害，美白肌肤。

**热量 55 千焦**

100克可食部分

## 海带

海带能增强肌肤弹力，还有去角质、补水、美白等功能，可塑造水润白净的肌肤。

## 橘子

橘子里的果酸和维生素 C，对祛斑美白有一定效果。橘子皮中还含有精油，可以去油脂和净化肌肤。

**热量 184 千焦**

100克可食部分

# 除皱祛斑蔬果汁

## 防衰老抗氧化

如何让皱纹淡化，如何让斑点变浅消失，是万千爱美女性渴望破解的谜题。这里将介绍如何通过蔬果汁食疗补充对皮肤有益的营养物质，来对抗岁月痕迹与烦人斑点，还原最美的你！

绿茶味道清新，还有减肥的功效，吃了油腻的食物后可喝绿茶解腻。

## 绿茶

绿茶被誉为"国饮"，具有提神清心、清热解暑、去腻减肥、生津止渴、降火明目等药理作用。

**降脂减肥**

绿茶中含有氨基酸、酚类衍生物、芳香类物质、维生素等，茶多酚与儿茶素和维生素 C 的综合作用，可以促进脂肪燃烧，降低血液中的血脂及胆固醇。

**延缓衰老**

绿茶中的儿茶素能显著提高超氧化物歧化酶的活性，清除自由基。所以，经常饮用绿茶，可起到延缓衰老的作用。

**防晒**

绿茶中的儿茶素具有很强的抗氧化功能，可有效对抗紫外线照射皮肤产生的大量过氧化物，使皮肤中过氧化物量减少，因此饮用绿茶也具有防晒效果。

**促消化**

绿茶有促进消化的功效，由于茶叶中的咖啡碱能提高胃液的分泌量，加速食物的消化代谢，因此，喝绿茶就可以有效缓解积滞不消化的症状。

## 🍹 花样搭配蔬果汁

### 绿茶蜜桃汁

原料：绿茶 5 克，水蜜桃 1 个，蜂蜜、开水各适量。

做法：①水蜜桃洗净，去核，切成小块；绿茶用开水沏开，放凉备用。②将上述所有原料放入榨汁机中搅打成汁，调入蜂蜜即可。

自制果茶营养健康

## 还能 这样配

### 绿茶 + 菊花

平时饮用绿茶时可以搭配菊花一起冲泡饮用，不但有利于瘦身减肥，还能清热明目。

### 绿茶 + 山楂

绿茶还可以和山楂一起搭配榨汁或冲泡，对口干舌燥、容易长痘、血气不好、肥胖等均有不错的疗效。

## 绿茶奶

原料：绿茶粉 1 勺，豆浆 100 毫升，牛奶 100 毫升，果糖适量。

做法：绿茶粉用温豆浆沏开，加入牛奶、果糖搅匀即可。

## 绿茶猕猴桃豆浆

原料：猕猴桃 1 个，豆浆 1 杯，绿茶粉 1 勺，开水、蜂蜜各适量。

做法：①猕猴桃去皮，切块；绿茶粉用开水沏开。②将上述原料和豆浆一同放入榨汁机搅打均匀，调入蜂蜜即可。

## 绿茶酸奶

原料：绿茶粉 2 勺，苹果 1 个，酸奶 200 毫升。

做法：①苹果洗净，去核，切成小块。②将苹果块、绿茶粉、酸奶放入榨汁机搅打成汁即可。

可以代替念念不忘的奶茶。

方便快捷，可灵活搭配水果。

美白养颜，排毒瘦身。

# 绿茶百合豆浆

绿茶具有疏肝理气、清热祛火、抗辐射的功效；百合性偏凉，有润肺、清火、安神的功效。这款绿茶百合豆浆非常适合夏季饮用。

**适用人群**

- 一般人群皆可饮用，尤为适合想美白肌肤、对抗衰老的女性。

**不宜人群**

- 无

## 做法

1 将黄豆用清水浸泡 10~12 小时，捞出洗净；绿豆洗净，用清水浸泡 4~6 小时。

2 干百合洗净，用清水浸泡 1 小时；绿茶洗净浮尘。

3 将上述食材一同放入豆浆机中，加清水至上下水位线之间，启动豆浆机，待豆浆制作完成后过滤即可。

4 饮用时加蜂蜜调味。

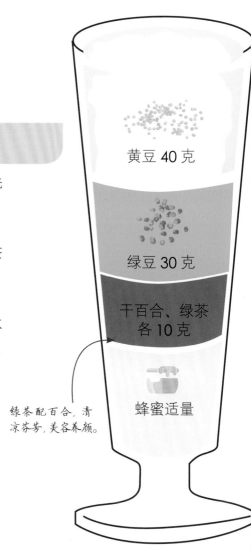

黄豆 40 克

绿豆 30 克

干百合、绿茶各 10 克

蜂蜜适量

*绿茶配百合，清凉芬芳，美容养颜。*

热量
约1310千焦
颜色可以促进食欲
颜色清新的饮品能促进食
欲，使人有神清气爽
的感觉。

豆浆可为人体补充蛋白
质，搭配绿茶、百合饮用
营养更丰富。

### 还能这样配

**绿茶+茉莉花**
二者搭配，气味芬芳，
经常饮用还有消食解
腻、排毒养颜的功效。

海带中含有碘等矿物质和丰富的蛋白质，而且它的热量很低，适合减肥人士食用。

### 抗辐射

海带不但能够预防放射性元素锶被消化道吸收，而且可以促进人体内的锶排出体外，起到抗辐射的作用。

### 减肥瘦身

海带不但低热量，而且还富含钾、碘等矿物质，可以改善或消除身体水肿，从而修饰身材曲线。

### 延缓人体的衰老

海带富含钙与碘元素，这两种元素搭配，有助于甲状腺素合成，还有美容、延缓衰老的作用。

### 清肠排毒

海带中含有丰富的膳食纤维，能够及时清理肠道内废物和毒素，可以有效防止便秘的发生，减少患直肠癌的风险。

海带热量低，营养丰富，尤其是碘元素含量高，适合减肥者食用。食用时，先浸泡，然后煮熟，可凉拌，可炖汤，味道都很不错。

## 🐓 花样搭配蔬果汁

### 海带黄瓜芹菜汁

原料：海带 1 片，黄瓜 1 根，芹菜 1 根，纯净水适量。

做法：①海带洗净，泡水，煮熟，撕成小块；黄瓜洗净，去皮，切段；芹菜洗净，带叶切碎。②将黄瓜段、芹菜依次放入榨汁机，倒入纯净水搅打，滤去蔬菜残渣。③加入海带块，与蔬菜汁充分搅打成汁即可。

可添加自己喜欢的调味品。

**还能这样配**

**海带 + 冬瓜**

这两种食物搭配在一起，不仅能消暑，还有助于瘦身减重。

**海带 + 胡萝卜**

二者经常搭配做凉拌菜，营养美味，不妨尝试将它们一起榨汁饮用，味道值得期待！

### 海带紫菜豆浆

原料：黄豆 60 克，海带 30 克，水发紫菜 15 克，纯净水适量。

做法：①将黄豆洗净，用清水浸泡；海带泡好洗净，切碎；紫菜洗净。②将上述所有原料一同放入豆浆机中，加纯净水至上下水位线之间，启动豆浆机。③待豆浆制作完成后过滤即可。

### 海带玉米汁

原料：海带 50 克，鲜玉米粒 60 克，纯净水适量。

做法：①鲜玉米粒洗净；海带洗净，切碎。②将上述所有原料放入豆浆机中，加纯净水至上下水位线之间，按"五谷汁"键进行榨汁，制作好后倒出即可。

### 海带黄瓜汁

原料：海带 50 克，黄瓜 1 根，纯净水适量。

做法：①海带洗净，煮熟，撕成小块；黄瓜洗净，切成小块。②将黄瓜块、海带块放入榨汁机，倒入纯净水搅打成汁即可。

海带和紫菜都富含碘。

富含膳食纤维，排毒养颜。

热量低，适合减肥人士饮用。

# 橘子

橘子酸甜爽口，果汁量大，滋味好，还含有丰富的维生素 C，能提高人体的抗病能力。做蔬果汁时加入橘子不但会使成品味道好，还有除皱祛斑的功效。

## 美容养颜

橘子含有丰富的维生素 C 和天然果糖，可以快速被人体吸收和利用，能促进皮肤细胞再生，也能防止黑色素在皮肤表层堆积，而且能缓解皮肤表层的炎症，让皮肤变得细嫩爽滑而有弹性。

## 增强抵抗力

橘子不仅含有十分丰富的维生素 C、核黄素，还含有抗氧化成分，能够增强人体对疾病的抵抗力。

## 促进排便

橘子内侧薄皮含有膳食纤维及果胶，可以促进通便和降低胆固醇。

## 生津止渴

橘子富含维生素 C、胡萝卜素、叶酸等营养成分，橘肉含水量高，能生津止渴。

橘子虽然好吃，但不能一次吃太多，否则不仅对牙齿不好，还会引起喉咙不舒服以及上火等症状。

# 花样搭配蔬果汁

## 橘子胡萝卜汁

原料：橘子 2 个，胡萝卜 1 根，蜂蜜、纯净水各适量。

做法：①胡萝卜洗净，切成条；橘子去皮、去子。②将橘子、胡萝卜条放入榨汁机，加纯净水榨汁，调入蜂蜜即可。

营养好喝，美容养颜。

**还能这样配**

### 橘子 + 芒果

芒果富含 β - 胡萝卜素，橘子富含维生素 C 和膳食纤维。二者搭配榨汁，能排毒养颜，美白效果极佳。

### 橘子 + 西红柿

两者搭配榨汁不仅能补充 B 族维生素，还能够改善失眠，也是排毒瘦身、美白祛斑的佳饮。

## 橘子芦荟甜瓜汁

原料：芦荟 1/4 片，甜瓜半个，橘子 1 个，纯净水适量。

做法：①芦荟洗净，去皮；甜瓜洗净，去皮、去子；橘子去皮、去子，分别切成小块。②将上述所有原料放入榨汁机，加半杯纯净水榨汁即可。

## 橘子苹果汁

原料：橘子 2 个，苹果 1 个，蜂蜜、纯净水各适量。

做法：①橘子去皮、去子；苹果洗净，去核，切块。②将橘子、苹果块放入榨汁机，加纯净水搅打成汁，调入蜂蜜即可。

## 橘子梨菠萝汁

原料：菠萝 1/4 个，橘子 2 个，梨半个，柠檬汁、纯净水各适量。

做法：①菠萝去皮，切块，用盐水浸泡 10 分钟；梨洗净去皮、去核，切块；橘子去皮、去子。②将上述所有原料及适量纯净水放入榨汁机，搅打成汁即可。

芦荟有清热解毒美容的功效。

食材常见，操作简单。

富含维生素 C，亮白肌肤。

# 防治粉刺

长粉刺的人大多内热，宜多食清凉、生津的食物，还应多食清淡易消化的食物，忌食辛辣刺激、高脂肪、高糖食物。一杯自制的蔬果汁可满足这些需求，从而减少粉刺发生的概率。

## 防治粉刺
## 食材任意选

### 红薯

多吃红薯可以保持皮肤细腻，还有防皱、美容养颜的功效。

**热量 260 千焦**
100 克可食部分

**热量 170 千焦**
100 克可食部分

### 枇杷

枇杷有清肺散热的功效，适用于治疗肺热所致的粉刺。

### 柠檬

柠檬富含维生素 C 和果酸，能让肌肤变得更嫩，更滑，而且还可以抵抗肌肤老化。

**热量 156 千焦**
100 克可食部分

热量
256 千焦

100克可食部分

## 荸荠

荸荠有助于阻止毒素对皮肤产生伤害，还能消除皮肤中的细菌与炎症，能阻止粉刺和青春痘生成。

热量
133 千焦

100克可食部分

## 胡萝卜

胡萝卜适宜于皮肤干燥、粗糙或黑头粉刺等皮肤不适者食用。

## 苦瓜

苦瓜具有抗菌和抗氧化的功效，对于我们的皮肤也有很好的保护作用。

热量
91 千焦

100克可食部分

## 猕猴桃

猕猴桃中含有果酸，能有效地去除粉刺并淡化黑斑，可改善干性或油性肌肤，减少粉刺的发生。

热量
257 千焦

100克可食部分

# 防治粉刺蔬果汁

## 调节内分泌

粉刺是常见的一种皮肤病症,初起为红斑,继续发展会形成丘疹、脓包、囊肿、结节等,饮食因素、精神因素、内分泌功能紊乱等都可能会诱发粉刺。粉刺不但影响脸部美观,还会引起其他皮肤不适,治疗粉刺离不开饮食调理。一起来看看有哪些蔬果汁对粉刺有防治效果吧!

> 红薯是易产生气体的食物,肠胃不适时要少吃,以免引起胃灼热。

## 红薯

红薯不仅可以增强人体抵抗力,还能排毒养颜、减肥瘦身等。

### 促进皮肤新陈代谢

红薯富含胡萝卜素和维生素 E,可以加强肌肤的代谢,让细胞角质得到更新,加速痘印的淡化。

### 减肥瘦身

红薯富含膳食纤维,可以协助清理体内废物、毒素,让其顺利排出体外。红薯热量低,是减肥女性的可靠"伙伴",食用红薯,可起到减肥瘦身的功效。

### 美容养颜

红薯中有一种类似雌激素的物质,它可以让皮肤保持细腻、紧致、滋润,还能防皱、养颜,是美容养颜的极好选择之一。

### 健身缓老

红薯中的多种维生素、蛋白质、赖氨酸等营养物质可以提高人体免疫力,保护心血管和心脏。

## 🍹花样搭配蔬果汁

### 红薯山药豆浆

原料:红薯 15 克,山药 15 克,黄豆 50 克,纯净水适量。

做法:①黄豆洗净,浸泡;红薯洗净,去皮,切丁;山药洗净,去皮,切小片。②将红薯丁、山药片、黄豆放入豆浆机,加入纯净水搅打成汁即可。

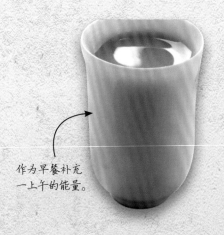

作为早餐补充一上午的能量。

**红薯 + 绿豆**

绿豆可清热解暑、止渴利尿，红薯有健脾胃、美容养颜的功效，二者搭配非常适合夏季饮用。

**红薯 + 百合**

红薯富含膳食纤维，可促进肠胃蠕动，搭配百合营养美味，还有滋润皮肤的功效。

## 红薯香蕉杏仁汁

原料：红薯1个，香蕉1根，杏仁碎2汤匙，牛奶200毫升。

做法：①红薯洗净，香蕉去皮，均切成小块。②将上述所有原料和牛奶一起放入榨汁机中搅打，汁成撒上杏仁碎即可。

## 红薯胡萝卜汁

原料：红薯1个，胡萝卜半根，芹菜1根，纯净水适量。

做法：①红薯、胡萝卜、芹菜分别洗净，红薯、胡萝卜均去皮，切成2厘米的块，芹菜切碎。②加适量纯净水后，将所有原料放入榨汁机榨汁即可。

## 红薯木瓜小米汁

原料：木瓜、小米各40克，红薯30克，蜂蜜、纯净水各适量。

做法：①小米洗净，煮熟；木瓜果肉切成小块；红薯洗净，去皮，切小块。②将上述所有原料放入豆浆机中，加纯净水榨成汁倒出。③过滤、凉凉后调入蜂蜜即可。

杏仁使蔬果汁风味更好。

充满了膳食纤维，促进排便排毒。

营养美味，调动食欲。

# 猕猴桃

猕猴桃是一种营养价值高的水果，含十多种氨基酸，还含有丰富的矿物质。其中维生素C的含量达100毫克（每100克果肉中）以上，有的品种高达300毫克以上，是柑橘类水果的5~10倍，因而被誉为"水果之王"。

## 美容养颜

猕猴桃含丰富的维生素E、维生素C。维生素E能帮助清除自由基以及减少光敏氧化作用，延缓衰老；维生素C能促进胶原蛋白合成，可使皮肤嫩滑，加强抗氧化功效，对皮肤的美白、抵抗紫外线的照射等方面有提升和保护作用。

## 有助减肥

猕猴桃营养丰富，热量低，其含有的膳食纤维能够促进消化，还可以令人产生饱腹感，因此，猕猴桃适合减肥人群食用。

## 预防便秘

猕猴桃中的膳食纤维能够帮助胃肠蠕动、清除体内毒素，可以预防便秘、净化体内环境、保持身材。它还能阻止人体内毒素对皮肤细胞产生伤害，预防粉刺，美白肌肤。

## 降低胆固醇

猕猴桃对降低胆固醇很有帮助，所以大家可以经常吃，它含有大量的维生素C，有助于降低血液中的胆固醇水平，扩张血管，降低血压，还能够增强心脏肌肉。

> 猕猴桃虽然好吃，但有些人对猕猴桃过敏，吃了之后出现舌头发麻、喉咙痒等现象，严重时甚至会喉头黏膜水肿，影响呼吸，因此，过敏体质者慎吃。

## 花样搭配蔬果汁

## 猕猴桃荸荠芹菜汁

原料：荸荠3个，猕猴桃1个，芹菜1根，纯净水适量。

做法：①荸荠洗净，去皮，用淡盐水泡约20分钟；猕猴桃洗净，去皮，均切成小块；芹菜洗净，留叶，切碎。②将上述原料放入榨汁机中，加适量纯净水榨汁即可。

可加少许蜂蜜或酸奶调味。

还能
这样配

### 猕猴桃 + 橘子

猕猴桃和橘子中含有丰富的维生素 C，能美白瘦身，还能预防缺铁性贫血。

### 猕猴桃 + 香蕉

猕猴桃搭配香蕉榨汁，富含膳食纤维和抗氧化物质，可清热降火、润燥通便、瘦身美容，并能增强人体免疫力。

## 猕猴桃荸荠葡萄汁

原料：荸荠 3 个，葡萄 10 粒，猕猴桃 1 个，纯净水适量。

做法：①荸荠洗净，去皮，切小块；葡萄洗净；猕猴桃洗净去皮，切成小块。②将上述原料放入榨汁机中，加入纯净水榨汁即可。

## 猕猴桃芒果菠萝汁

原料：芒果 1 个，菠萝 1/6 块，猕猴桃 1 个，纯净水适量。

做法：①芒果洗净，去皮、去核；菠萝去皮，在盐水中浸泡 10 分钟；猕猴桃洗净去皮。②将上述原料均切成小块，放入榨汁机加纯净水搅打成汁即可。

## 猕猴桃芹菜酸奶

原料：芹菜半根，猕猴桃 1 个，酸奶 200 毫升。

做法：①芹菜去根留叶，洗净，切成小段；猕猴桃去皮，切成小块。②将芹菜段、猕猴桃块和酸奶一起放入榨汁机中榨汁即可。

荸荠与猕猴桃是"好搭档"。

清新美味，护肤养颜。

润肠排毒，美白肌肤。

# 猕猴桃橙子柠檬汁

这款蔬果汁富含多种维生素，能补充熬夜时身体流失的维生素C，同时可以让肌肤细胞再生，抗皱祛斑。

**适用人群**

· 有补充维生素C、美白肌肤、防治粉刺需求的人。

**不宜人群**

· 对猕猴桃过敏的人不宜喝含有猕猴桃成分的蔬果汁。

## 做法

1 猕猴桃洗净，去皮。

2 柠檬、橙子均洗净，去皮、去子。

3 将上述原料均切成2厘米见方的小块，加适量纯净水搅打成汁。

4 依据个人口味添加适量蜂蜜即可。

橙子1个

猕猴桃1个

柠檬半个

蜂蜜适量

纯净水适量

经常饮用，不但对皮肤有滋养作用，还能增强身体抵抗力。

**热量
约615千焦**

**可喝些热量低的饮品**

减肥的人不应摄入过高热
量，可适当喝一些热
量低的蔬果汁。

## 还能这样配

### 猕猴桃 + 西蓝花

二者搭配能使长粉刺
的皮肤快速恢复，让皮
肤更细滑。

# 第五章

## 四季应季美味蔬果汁

　　四季流转，时令变化，蔬果和我们人体也要随着四季时令的变化而调整。所以，不同季节，蔬果有不同的选择，我们也需要根据时令的变动而进行科学调整、科学选择，懂得各种蔬果养生知识和调制方法，从而达到饮用美味蔬果汁养身、养心、养人的目的。

花样蔬果汁 排毒养颜减脂

# 春

春天天气从寒冷逐渐转向温暖，气候多变，乍暖还寒，抵抗力稍弱的人这时候就容易生病，尤其是呼吸系统疾病会在这时多发。此时就要注意食疗，吃一些帮助阳气发散、防止内热的食物，如韭菜、豆芽、香椿等，吃法上，可以将这些蔬菜搭配应季水果做成蔬果汁。

## 应季食材
## 任意选

### 甜菜

春天是甜菜上市的季节，甜菜的营养价值高，富含碘和钾元素，可以预防甲状腺疾病。

热量
364 千焦

100克可食部分

热量
211 千焦

100克可食部分

### 香椿芽

香椿芽被称为"树上蔬菜"。春季谷雨前后，正是吃香椿嫩芽的好时机。

### 黄豆芽

春季吃黄豆芽可以帮助人体各个器官从寒冷的冬季过渡到春季，让身体慢慢复苏。

热量
198 千焦

100克可食部分

**热量**
**134 千焦**

100克可食部分

## 草莓

春季草莓味道更甜,自然成熟的草莓无论口感,还是营养价值都比冬季的草莓好。

## 芦笋

芦笋营养丰富,味道鲜美芳香,无论是凉拌还是熬汤,味道都非常不错。

**热量**
**79 千焦**

100克可食部分

## 荠菜

荠菜是春季的应季蔬菜,自然适合春季食用。有明目、清毒、去火的功效。

**热量**
**128 千焦**

100克可食部分

## 菠萝

春季是吃菠萝的季节。菠萝气味芳香,酸甜可口,营养价值也非常高。

**热量**
**182 千焦**

100克可食部分

# 适宜春季喝的蔬果汁

**清热养肝**

春季天气变暖，各种细菌、真菌在温暖的季节里开始滋生，人体抵抗力变弱，容易感冒、过敏，所以防菌、保健、抗过敏就变得特别重要。此时，应多吃新鲜蔬菜和水果。用新鲜的蔬果榨汁饮用，在享受春天气息的同时，令人更加轻松愉快。

> 春季可以选的蔬菜和水果比较多，一定要注意合理搭配，保证饮食营养和安全。

## 春季

"一年之计在于春"，调理身体也要从春天开始，在春季调理身体的时候要重点关注什么呢？一起来看一下！

### 饮食要营养平衡

要想拥有健康的身体，离不开营养均衡的饮食，蛋白质、碳水化合物、维生素、矿物质要保持合理比例，不要饮食过量、暴饮暴食，以免引起身体不适及异常。

### 饮食要清淡

春季的饮食宜清淡、温热，忌生冷。春季要少吃高脂肪食物，以免导致内热生痰。

### 多吃蔬菜和水果

春季各种新鲜的蔬果会大量上市，可以多吃点新鲜的蔬果，以保证营养均衡，身体健康。

### 多锻炼身体

春季锻炼应以动作和缓的慢运动为主，也可以多去户外欣赏春天充满生机的画面，心情会豁然开朗，利于身心健康。

## 🍹 花样搭配蔬果汁

### 菠萝苦瓜蜂蜜汁

原料：菠萝半个，苦瓜 1 根，蜂蜜、纯净水各适量。

做法：①菠萝削皮，切成小块，用盐水泡 10 分钟，沥干水分；苦瓜去子，切块。②将菠萝块、苦瓜块一起放入榨汁机内，加入适量纯净水榨汁，再加入蜂蜜调匀即可。

泡过盐水的菠萝可减轻口腔不适感。

### 芦笋+芹菜

芦笋、芹菜热量低，且富含膳食纤维。二者搭配榨汁能清理肠道，帮助消化，尤其适合减肥人士。

### 荠菜+苹果

荠菜是春天的蔬菜，营养丰富，搭配苹果可改善蔬果汁口感，且能清热解毒、养肝明目。

## 白菜心胡萝卜荠菜汁

原料：白菜心 1 个，胡萝卜 1 根，荠菜 2 棵，纯净水适量。

做法：①将白菜心、胡萝卜、荠菜均洗净；胡萝卜去皮，切小丁；白菜心、荠菜切小段。②将上述原料放入榨汁机，加适量纯净水榨汁即可。

## 芦笋豆浆

原料：芦笋 30 克，黄豆 40 克，绿豆 20 克，纯净水适量。

做法：①将黄豆、绿豆用清水浸泡，捞出洗净；芦笋洗净，切段。②将上述原料一同放入豆浆机中，加纯净水后启动豆浆机，待豆浆制作完成后过滤即可。

## 草莓奶

原料：草莓 10 个，牛奶 200 毫升。

做法：①草莓去蒂，洗净对半切。②草莓和牛奶一起放入榨汁机内搅打均匀即可。

补充维生素，
强身健体。

清热解毒，
防止上火。

颜色好看，
味道香浓。

# 胡萝卜甜菜根汁

　　这道混合的"超级蔬果汁"富含胡萝卜素、叶酸、铁、果胶、维生素 C、钙、镁、磷、钾、锰等多种营养元素，对排毒养颜、提高免疫系统功能有辅助作用，适合春季饮用。

**适用人群**

• 一般人群皆可饮用。

**不宜人群**

• 无

## 做法

1 甜菜根、胡萝卜分别洗净，切成 2 厘米见方的小块。

2 将芹菜洗净，切碎。

3 将甜菜根块、胡萝卜块、芹菜碎放入榨汁机。

4 加入纯净水，搅拌均匀，榨成汁。

5 依据个人口味添加蜂蜜或柠檬汁即可。

芹菜 1 根

胡萝卜半根

甜菜根半个

柠檬汁、蜂蜜各适量

纯净水适量

充满营养的组合蔬果汁，一杯补充多种营养，值得一试。

## 热量
## 约770千焦

**按需搭配**

可根据自身的需求，搭配不同蔬菜榨汁。

芹菜味道清香，是"百搭"的蔬菜，可与多种蔬果组合榨汁。

### 还能这样配

**甜菜 + 大蒜**

大蒜具有杀菌消毒的食疗功效。春季常饮此蔬果汁，可以预防感冒，增强抵抗力。

# 夏

夏季天气炎热，人容易浑身乏力、食欲不振、心情烦躁。这些都是由于气温升高、心火过旺导致的。此时饮食要清淡，注意"清补"，多吃蔬果和谷类，少吃肉。夏季应该多吃去暑益气、生津止渴的蔬果，可以选择的应季蔬果有西瓜、火龙果等。

## 应季食材
## 任意选

## 火龙果

夏天火龙果的味道会更好，更甜一些。火龙果不但可以美容养颜，还可以保护肠胃。

热量
234 千焦

100克可食部分

热量
43 千焦

100克可食部分

## 冬瓜

冬瓜适合在夏天吃，清热去火，在炎热的夏天，是一道消暑气的食材。

## 西红柿

夏季的西红柿味道比其他季节的要好，自然成熟，清甜甘美。

热量
62 千焦

100克可食部分

**热量**
**160 千焦**

*100克可食部分*

## 杏

杏是夏季成熟的水果，味道酸甜可口，生食可生津止渴，杏仁可去咳、润肺。

**热量**
**212 千焦**

*100克可食部分*

## 水蜜桃

夏季是水蜜桃大量上市的季节，口感好，多汁鲜甜，肉质厚实。水蜜桃不仅好吃，还营养丰富。

## 西瓜

西瓜含水量高，营养物质也十分丰富，是夏天必不可少的解暑降温佳品。

**热量**
**108 千焦**

*100克可食部分*

**热量**
**65 千焦**

*100克可食部分*

## 黄瓜

夏季吃黄瓜可以帮助人体补水和解暑，黄瓜生津止渴，而且低热量，能够帮助减肥，还可以生吃，也方便榨汁。

# 适宜夏季喝的蔬果汁

## 生津止渴

炎炎夏日，暑热之气容易使人亢奋，使津液耗伤，让人觉得口干舌燥，烦闷不安。心不静身体就会燥热起来，因此常喝蔬果汁，可以让人心平气和度过炎夏！

> 夏季不可过于贪凉，从冰箱里拿出的食物不宜立刻食用，要在室温中放置一段时间再食用。

## 夏季

夏季依然需要通过合理的饮食调养好身体，以此提高免疫功能，防止疾病的发生。

### 多补充水分

夏季天气炎热，人体会大量出汗，如果不及时补充足够的水分，细胞就会缺水，延缓体内垃圾、毒素排出体外的速度，炎热的夏季最重要的就是保证充足的饮水。

### 不可过分贪凉

夏日里空调温度不要开得太低，适时通风，不直吹空调、电风扇，不要过多食用冷饮和冰镇西瓜等，以免损伤肠胃。

### 保持良好生活习惯

此时应注意休息时间和饮食的调整。保持规律的生活习惯，保证每天至少有7小时的睡眠时间来缓解身体上的劳累。

### 夏季适宜柔性运动

夏季的运动最好安排在清晨阳光初照或夕阳西下时为好，这两个时段相对没那么炎热，宜选择柔和、缓慢的运动方式，以1小时左右为宜，不宜做剧烈运动。

## 花样搭配蔬果汁

### 菠萝甜椒杏汁

原料：菠萝半个，甜椒1个，杏6个，纯净水适量。

做法：①菠萝去皮，用淡盐水浸泡10分钟，再冲洗干净；甜椒洗净去蒂、去子；杏洗净去核。②将上述原料分别切成小块放入榨汁机，加入纯净水榨汁即可。

充满维生素C，酸甜好喝。

**还能这样配**

**冬瓜 + 苹果**

冬瓜利尿，能预防水肿，搭配苹果榨汁，能让肌肤细腻光滑，改善夏季高温造成的皮肤不适。

**水蜜桃 + 酸奶**

水蜜桃搭配酸奶，口感香浓好喝，还能润肠通便，帮助清除体内垃圾，能防止青春痘、粉刺，还有润肤美白的功效。

## 冬瓜生姜汁

原料：冬瓜 150 克，生姜 30 克，蜂蜜、纯净水各适量。

做法：①冬瓜去皮、去瓤，切块，煮熟；生姜切片。②将冬瓜块、姜片和纯净水放入榨汁机搅打成汁，再调入蜂蜜即可。

## 西红柿汁

原料：西红柿 2 个，纯净水、蜂蜜各适量。

做法：①西红柿去蒂，洗净，切成块。②将西红柿块放入榨汁机，加纯净水搅打成汁，调入蜂蜜即可。

## 香蕉火龙果酸奶

原料：香蕉 1 根，火龙果半个，酸奶 200 毫升。

做法：①香蕉、火龙果均去皮，切块。②将上述所有原料和酸奶一起放入榨汁机中搅打成汁即可。

生姜和冬瓜一热一凉，可以互补。

榨汁完成后及时饮用。

清凉止渴，通肠排毒。

# 西瓜黄瓜汁

西瓜有生津、除烦、止渴、解暑热、清肺、利尿、促代谢等功效，还有很好的减肥瘦身功效；黄瓜中含有膳食纤维，对促进肠蠕动、加快排泄和降低胆固醇有一定的作用。二者搭配，非常适合夏季饮用。

**适用人群**

• 一般人群皆可饮用。

**不宜人群**

• 体质寒凉、腹泻者、血糖高者不宜饮用。

西瓜 250 克

小黄瓜 100 克

蜂蜜适量

纯净水适量

## 做法

1 将小黄瓜洗净，切成块。

2 西瓜去皮、去子，将瓜瓤切成小块。

3 将小黄瓜块和西瓜块放入榨汁机中，加入适量纯净水榨取汁液。

4 将榨汁机中的蔬果汁倒入杯中。

5 搅匀后饮用即可，也可以加入蜂蜜调味。

西瓜和黄瓜是美妙的搭配，可生津止渴。

**热量**
**约 391 千焦**

**美味低热量**

黄瓜热量低，搭配西瓜
也不致使蔬果汁热量
过高。

黄瓜和西瓜是非常适合夏
季的蔬果，二者搭配，不但
清热解暑，还有助于减肥。

## 还能这样配

### 西瓜 + 香蕉

二者搭配制成的蔬果
汁具有很强的利尿功
效，还能补充水分，让
肌肤水润、有弹性。

# 秋

秋季是由热到冷的过渡季节，在冷热交替之际，人体会感受到气候变冷变燥，呼吸系统疾病多发。所以入秋之后要注意防寒防燥，多吃一些应季蔬果、多喝蔬果汁，让你的秋季更加缤纷多彩吧！

## 应季食材
## 任意选

### 南瓜

秋季成熟的老南瓜含有丰富的糖和淀粉，所以吃起来又香又甜。

热量
97 千焦

100克可食部分

热量
211 千焦

100克可食部分

### 梨

秋天是梨成熟的季节，应季的梨有助于缓解"秋燥"。

### 苹果

秋天苹果里面的水分和营养成分较高，且营养物质流失得少。

热量
227 千焦

100克可食部分

**热量
133 千焦**

100克可食部分

# 胡萝卜

秋天正是胡萝卜上市的季节，秋天的胡萝卜营养价值最高，不妨多吃一些。

**热量
308 千焦**

100克可食部分

# 柿子

柿子是秋季的时令水果，味道甜甜的，营养丰富而又全面，还有清热解毒、止咳化痰等好处。

# 橘子

秋季吃橘子可增强人体的免疫功能，抵抗秋季温差变化大、气候干燥带来的各种不适。

**热量
184 千焦**

100克可食部分

# 红薯

秋季的红薯新鲜出土，味道鲜甜，此时多吃红薯对秋燥造成的皮肤干燥和便秘有缓解作用。

**热量
260 千焦**

100克可食部分

# 适宜秋季喝的蔬果汁

## 滋阴润燥

秋季气候干燥，气温变化不定，冷暖交替，身体处于适应阶段，此时也是疾病乘虚而入的时候，因此在饮食上应该特别注意。应以养阴清热、润燥止渴、清心安神的食品为主，可多吃一些芝麻、蜂蜜、银耳、乳制品等滋润食物。另外，每天一杯蔬果汁，补充营养，增强身体抵抗力。

秋季天干物燥，要注意补充水分，多喝水，多喝蔬果汁，可以滋阴养肺，过一个爽朗舒适的金秋。

## 秋季

"一场秋雨一场凉"，秋季并非一开始就天气变冷，而是先持续干燥高温暴晒，然后随着秋雨的到来，天气渐凉，开始变得凉爽。

### 健康饮食

秋季饮食的要点是滋阴润肺、益胃生津，多吃蔬菜水果，少吃辛辣刺激食物，做好秋季饮食调理。

### 适度锻炼

秋季要坚持锻炼身体，尤其是在出现秋乏的时候，如果坚持体育锻炼，就可以减少倦怠、乏力、精神不振等身体反应，不让秋乏影响工作和生活。

### 润肺养阴

秋季天气干燥，许多人会感觉虚火旺，要多喝水，多吃应季蔬果，多喝蔬果汁。另外秋季锻炼要适度，不要过度出汗。

### 适量进补

秋季时有"贴秋膘"的说法，但是秋季进补需要适量，需要根据个人实际情况进补。不要无病进补和虚实不分滥补，过度食补不提倡。

## 🍸 花样搭配蔬果汁

### 梨汁

原料：梨2个，蜂蜜、纯净水适量。

做法：①梨去皮、去核，切块，放入榨汁机。②加纯净水搅打成汁，再调入蜂蜜即可。

秋天的梨味道甘甜，味美多汁。

## 还能
### 这样配

**梨 + 柿子**

梨肉香甜多汁，有清热解毒、润肺生津、止咳化痰等功效，搭配柿子榨汁，口感更香甜，滋阴润肺效果好。

**南瓜 + 柚子**

南瓜口感甜糯，搭配酸甜的柚子榨汁，口感更好，营养更全面。

## 蜜柑芹菜苹果汁

原料：蜜柑 2 个，芹菜 5 克，苹果半个，柠檬半个，蜂蜜、纯净水各适量。

做法：①蜜柑去皮；芹菜洗净，切段；苹果、柠檬分别洗净，切成小块。②将上述所有原料及适量纯净水放入榨汁机搅打成汁即可。

## 南瓜橘子奶

原料：南瓜 50 克，胡萝卜 1 根，橘子 1 个，牛奶 200 毫升。

做法：①南瓜去皮、去子，切成小块，蒸熟；胡萝卜洗净，切块；橘子去皮。②将上述所有原料和鲜奶放入榨汁机搅打成汁即可。

## 小白菜苹果汁

原料：小白菜 100 克，苹果半个，柠檬汁、生姜汁、纯净水各适量。

做法：①将小白菜洗净，切段；苹果洗净，去核，切块。②将上述所有原料及适量纯净水、柠檬汁、生姜汁放入榨汁机搅打成汁即可。

芹菜可以用水焯一下。

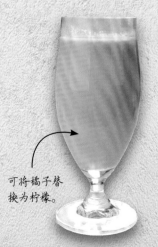

可将橘子替换为柠檬。

秋季的小白菜营养美味。

# 蜂蜜柚子梨汁

这款蔬果汁能滋润肌肤、润肺、缓解秋燥，还可以降低人体内的胆固醇含量，尤其适合高血压患者饮用。

**适用人群**

· 一般人皆可饮用，有秋燥不适的人可经常饮用。

**不宜人群**

· 肠胃不适者暂时不要喝。

## 做法

1 将柚子洗净去皮、去子，取果肉切块。

2 将梨洗净，去皮、去核，切块。

3 将柚子果肉块、梨块放入榨汁机，加适量纯净水搅打成汁。

4 依据个人口味，调入蜂蜜即可。

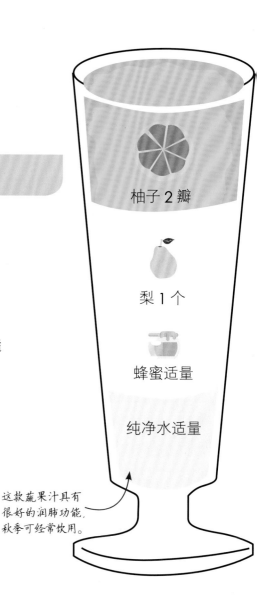

柚子 2 瓣

梨 1 个

蜂蜜适量

纯净水适量

这款蔬果汁具有很好的润肺功能，秋季可经常饮用。

**热量 约 389 千焦**

**一汁多效**

这款蔬果汁不但可以滋阴润肺，而且有助于减肥。

果汁颜色澄澈，喝起来酸甜可口，让人在愉悦的味觉体验中获得健康。

## 还能这样配

### 胡萝卜 + 柿子

二者搭配榨汁，营养丰富，风味独特，口感也好。

# 冬

冬季是"万物收藏"的季节，此时人体也会因为气候变化而自我调整。所以冬季要合理饮食、补充营养，为来年的健康打好基础。

## 应季食材任意选

### 橙子

橙子含有丰富的维生素 C，能够提高人体免疫力，以抵抗冬季高发的流感等呼吸系统疾病。

**热量 202 千焦**

100克可食部分

### 桂圆

桂圆有滋养补益的作用，可以缓解冬季手脚冰凉、面色苍白等症状。

**热量 298 千焦**

100克可食部分

### 白菜

冬天白菜大量上市，白菜营养丰富，冬季食用可滋阴润燥、润肠通便。

**热量 82 千焦**

100克可食部分

**热量 1155 千焦**

100克可食部分

## 红枣

红枣含有丰富的维生素、胡萝卜素等多种营养素，能提高人体免疫功能，增强抗病能力。

**热量 200 千焦**

100克可食部分

## 莲藕

冬天吃莲藕有很多的好处，有清热去火、增进食欲、美白肌肤、增强抵抗力等多种功效。

## 南瓜

秋季成熟的南瓜可储存到冬季食用，冬季吃南瓜可防治感冒、高血压和便秘。

**热量 97 千焦**

100克可食部分

## 荸荠

冬季也是荸荠上市的季节，此时可多食用，以增强体质、预防感冒。

**热量 256 千焦**

100克可食部分

# 适宜冬季喝的蔬果汁

## 提高免疫力

寒冬来临，气温降低，日短夜长，身体活动量相对减少，食欲增加。在我们用饮食增加热量抵御寒冷之余，也不要仅仅为了满足口腹之欲，而忽视了对身体的调理和保养。每天一杯蔬果汁，让你健康、滋润度过一整个冬天。

> 冬季在选择蔬果汁进行搭配时，可以利用应季的蔬果搭配，不仅可口而且经济实惠。

## 冬季

冬季如何调整饮食，如何补充更多的营养素、提高耐寒能力和免疫功能，是人们顺利越冬的关键。

### 提高抗寒能力

虽然冬季人们尽量减少外出，但低气温仍会对人体产生影响。所以，冬季要多食用些祛寒的食物，如肉类、蛋类、蔬菜、水果等，蔬果汁要注意不要冷饮。

### 保养皮肤

冬季气温冷而干燥，要保持皮肤滋润，洗浴的频率和时间要适量调整，以免体表水分流失严重。

### 保持室内空气流通

冬季因为气温低，人们为了保暖通常会紧闭房子的门窗，但这样会导致室内空气流通不畅，应定时通风。

### 养护双脚很重要

冬季养生，养护双脚很重要。坚持每天适量步行，给脚底适当按摩，以促进血液循环。坚持用热水洗脚，穿舒适、暖和、透气的鞋子也非常重要。

## 🍸 花样搭配蔬果汁

### 茴香甜橙生姜汁

原料：橙子1个，生姜1小块，茴香茎10克，纯净水适量。

做法：①将橙子、生姜、茴香茎均洗净，橙子去皮、去子，姜切成相同的小块，茴香茎切段，用开水焯熟。②将上述食材放入榨汁机中，加入适量纯净水榨汁即可。

生姜和茴香都属于温补的食材。

**南瓜 + 桂圆**

南瓜搭配桂圆榨汁可滋润肌肤，防止皱纹产生，还有补血功效，即使是冬天，脸色也一样红润有光泽。

**莲藕 + 黄瓜**

二者搭配榨汁，口感清凉，可缓解冬季人体的内热，减轻喉咙不适，如觉得凉，榨汁时可用温开水。

## 桂圆芦荟汁

原料：桂圆 80 克，芦荟 100克，冰糖、开水各适量。

做法：①桂圆去皮、去核；芦荟洗净，去皮。②将桂圆、芦荟放入榨汁机中，加开水榨汁，放入冰糖即可。

## 南瓜红枣汁

原料：南瓜 300 克，红枣 15个，纯净水适量。

做法：①南瓜去皮、去瓤，切成小块，蒸熟；红枣洗净，去核。②将上述所有原料放入榨汁机，加入纯净水搅打成汁即可。

## 苹果白菜柠檬汁

原料：苹果 1 个，白菜 100 克，柠檬 1 个，蜂蜜、纯净水各适量。

做法：①苹果、柠檬分别洗净，去皮、去核，切块；白菜洗净，切段。②将苹果块、白菜段、柠檬、纯净水放入榨汁机搅打成汁，调入蜂蜜即可。

桂圆属于温热的食物，容易上火的人不宜多吃。

补充铁质，促进血液循环。

食材常见，可经常饮用。

# 莲藕梨汁

　　莲藕有清热生津、凉血散瘀的功效；雪梨具有生津润燥、清热化痰的功效。冬季干燥，体内容易缺水、上火，这款蔬果汁具有润肺生津、健脾开胃、除烦解毒、降火利尿的功效。

**适用人群**

- 热性体质，平时经常上火的人可常喝这款蔬果汁。

**不宜人群**

- 寒性体质，平时畏寒怕冷的人不宜喝。

## 做法

1 将新鲜的莲藕去皮，洗净，切成小块。

2 将梨去皮、去核及周围的组织，切成与莲藕大小相近的块。

3 将梨块、莲藕块放入榨汁机中，加纯净水搅打。

4 加入蜂蜜搅匀调味即可。

梨 1 个

莲藕 200 克

蜂蜜适量

纯净水适量

梨和莲藕是很好的"搭档"，二者都有滋阴润燥的功能。

**热量**
**约 606 千焦**

**加热饮用**

冬天饮用蔬果汁时，如果
觉得凉可适当加热。

生津润燥、清热化痰是
此款蔬果汁的特点。

## 还能这样配

### 梨 + 白萝卜

白萝卜具有消炎、杀菌、利
尿的功效，和梨一同榨汁饮
用，可缓解喉咙肿痛。

# 附录：四季茶饮

### 🌿 春季

## 玫瑰茄桃花茶

原料：玫瑰茄 3 克，桃花 3 克。

做法：①将玫瑰茄和桃花放入茶壶中。②用沸水冲泡即可。

功效：有排毒的功效，在瘦身同时，可以祛斑除痘。

### ☀ 夏季

## 丁香茉莉绿茶

原料：丁香 3 克，茉莉花 3 克，绿茶 3 克。

做法：①将丁香、茉莉花和绿茶洗净，直接放入茶壶中。②用沸水浸泡即可。

功效：有降低血脂含量的作用。

### 🍁 秋季

## 陈皮山楂乌龙茶

原料：陈皮 10 克，山楂干 2 片，乌龙茶 5 克。

做法：①将陈皮、山楂干一同放入锅中，加水适量，煎煮 30 分钟，去渣取汁。②取汁冲泡乌龙茶，加盖闷 10 分钟即可。

功效：有助于化痰降脂、降压减肥。

### ❄ 冬季

## 牛奶红茶

原料：牛奶 100 克，红茶和盐各适量。

做法：①将红茶用水冲泡，去除茶渣。②再将牛奶煮沸，与茶汁混合。③加入少量盐，搅匀即可。

功效：滋养气血，补充钙质，缓解骨质疏松。